신기후체제와 도시의 기후변화 대응

최영수 · 전의찬 공저

도서출판 동화기술

머리말

2003년 여름, 영국유학중에 가까운 프랑스에서 열파현상(heat wave)으로 인하여 믿기 어려울 만큼 많은 1만 5천여 명의 나이 많으신 어른들이 더위를 이기지 못하고 돌아가셨습니다. 물론 당시 10일 정도 계속된 열파에 대비한 냉방시설 등 시설적인 미비가 원인이기는 하지만 그보다 어른들의 주거여건 등 생활환경에 관심을 가지지 아니하고 장기간 여름휴가를 떠난 자녀들의 무관심과 사회적 고립, 즉 어른들의 소외문화가 가져다 준 엄청난 재앙이었다고 평가되기도 합니다.

다행히 2015년 12월 신기후체제를 위한 파리기후협정이 UNFCCC 당사국들의 합의로 타결되어졌습니다. 어찌 보면 이번에 타결된 파리기후협정은 프랑스가 과거 경험했던 아픔, 많은 연로하신 어른들을 열파로 인해 하늘나라로 보낸 사건을 배경으로 해서 어느 국가보다 더 노력한 프랑스정부와 시민들이 과거 재앙의 아픔을 조금 어루만지는 데 기여하지 않았나 하고 또 다른 의미를 찾을 수 있습니다.

하지만 파리기후협정을 통해 국가차원의 온실가스 감축목표를 다 합하여 실현하더라도 지구의 온도를 2℃이하로 관리하기가 어려운 여건입니다. 이런 여건에서 도시들의 기후변화대응을 촉진하기 위하여 우수사례와 기술 등을 공유하며, 도시 또는 지방 정부의 국제협력을 강화해 온 C40리더십그룹과 ICLEI와 같은 국제연합체의 활동이 더해진다면 국가 간 협의의 부족한 부문을 메우는 데에 상당한 도움이 될 것입니다.

대부분 기후변화대응은 국가적 관점이나 세계적 관점이라는 큰 틀에서 논의되어 왔습니다. 그래서 실천적인 면보다 이론적인 면에 치우치는 경향도 있을 수 있습니다. 하지만 기후변화로 인한 피해자의 입장이기도 하고 온실가스 배출을 하여 기후변화의 원인자이기도 한 도시들은 정말로 체감할 수 있는 실천적인 과업이 요구되고 있습니다. 공직생활에서 미래를 준비하는 일을 좋아해서 신규 프로젝트 등 변화가 요구되는 업무를 해오다가, 영국유학 이후 도시들의 기후변화대응과 환경문제해결, 이와 관련 국제협력을 포함해서 다음세대를 배려하는 실천적 분야 일을 하면서 이 분야는 할 수 있는 데로 공유를 확대하면 더 좋겠다는 생각을 하고 있었습니다.

이런 생각과 어울리게 세종대 대학원에서 기후변화정책강의를 준비하면서 전의찬 교수님과 기후변화에 대응에 대하여 교류하면서 이 분야에 깊이 정통하며 전문적이고 학문적으로도 열정이 대단하다는 점을 느끼면서 마음을 모아 도시의 기후변화대응에 대한 책 발간을 비롯하여 공유를 확대하는 것은 학문적으로도 의미가 있다고 판단하게 되었습니다.

이 책은 기후변화대응 정책을 준비하는데 기본적 초안의 예시(sample)로서 활용되고자 하는 뜻에서, 국내외에서 만난 전문가들의 의견도 포함하고, 시내부관계자들과 외부전문가들이 준비해온 서울시 기후변화대응관련 보고서와 각종자료를 인용 또는 편집하여 자료화하게 되었습니다. 물론 여러 면에서 미흡한 점이 있지만 도시의 기후변화대응을 학문적으로 발전시키거나 연구하는데 있어서 조금이나마 기여할 것으로 기대합니다.

저자 최영수

추천사

서울시장 박원순

지난해 12월, 테러로 인한 공포가 채 가시지 않은 파리에서 유엔기후변화협약(UNFCCC) 제 21차 당사국총회(COP21)가 예정대로 열렸습니다. 선진국들만 의무적으로 온실가스 배출을 줄여야 하는 교토체제를 넘어 2020년 이후부터는 선진국과 개도국 모두가 참여하는 새로운 기후변화체제가 출범하게 된 것입니다.

저도 세계 1천 200여개 도시가 참여하는 이클레이(ICLEI, 지속가능성을 위한 세계지방정부 네트워크) 회장 자격으로 파리에 다녀왔습니다. 당사국총회에 이어 열린 '지방정부 기후정상회의'에 참석하여 각 도시 시장들과 함께 온실가스 감축을 약속하는 파리선언문을 공동채택했습니다. 그리고 기후변화대응과 관련해 도시, 기업, 시민단체 등이 우수사례를 공유하는 '액션데이'에 참석해 '기후변화 선도도시 서울의 성과'를 발표했습니다.

신기후체제를 맞아 각 국가단위 정책도 당연히 필요하지만 지방정부의 역할이 매우 중요합니다. 도시는 세계 에너지 소비의 60~80%를 차지하고 있고, 전 세계 온실가스 약 70%를 배출하고 있습니다. 기후변화의 원인제공자이면서 한편으로는 기후변화로 인한 여러 질병과 재난에 취약하기도 합니다. 이번 파리합의문에도 도시의 중요성이 언급되어 있지만 기후변화, 지속가능성 등 전 지구적으로 당면한 문제를 해결하기 위해서는 이제 도시가 전면에 나서야 합니다.

이미 서울시는 지방정부로서는 선도적으로 기후변화관련 에너지 정책을 만들고, 시민들과 함께 실천해나가고 있습니다. 특히 신재생에너지의 생산과 시민들과 기업의 에너지 절약을 병행함으로써 원전 1기분의 에너지(200만 TOE)를 성공적으로 절감한 원전하나줄이기 정책은 전세계의 주목을 받고 있습니다. 그런 성과의 중심에는 서울시 최영수 기후변화대응과장이 있습니다. 최영수과장은 영국에서 공부한 지식을 활용하여 서울시 기후환경 분야에 10여년간 한 우물을 판 전문가입니다. 서울시의 기후변화 정책을 성공적으로 이행하고, 국제적으로는 서울시의 우수사례를 알리는데 힘써왔습니다. 특히 이 책은 원전하나줄이기 정책을 기획단계부터 참여하고 성과를 만들어낸 실무자로서 시민과 기업이 어떻게 에너지를 절감하고 생산할 수 있는지에 대해서 쉽게 설명하고 있습니다. 그동안 기후변화는 도시보다는 국가적 관점에서, 실천적인 면보다 이론적인 면에 치우치는 경향이 있었는데 이 책은 지방정부 단위에서의 실천적 사례를 담고 있어 우리나라뿐만 아니라 세계적으로도 유용한 교과서가 되리라 생각합니다.

서울의 기후환경을 잘 관리해야할 서울시장으로서, 세계도시들의 기후변화대응을 감당하도록 이끌어야하는 세계 ICLEI 회장으로서 이 책이 대한민국과 전 세계 기후변화대응에 의미있게 활용되리라 기대합니다.

차례

CHAPTER 1

기후변화와 국제협력

1.1 기후변화 현상과 영향

1.2 기후변화와 국제협상

1.3 도시단위의 기후변화 대응기구

1.1 기후변화 현상과 영향[1]

1.1.1 기후변화의 원인

1750년 이후, 대기 중 이산화탄소(CO_2) 농도는 31% 증가하였는데, 이러한 증가율은 적어도 지난 2만 년 동안 전례가 없는 것이다. 지난 20년 동안 대기 중의 인위적인 이산화탄소 배출의 약 75%는 화석연료의 연소로 인한 것이며 그 나머지는 주로 토지 이용의 변화, 특히 인간에 의한 산림 개간 때문이다. 또한 1750년 이후, 대기 중 메탄(CH_4)의 농도는 1,060ppb(151%) 증가하였고, 계속 증가하고 있다. 이러한 메탄 농도는 매년 천천히 증가하고 있지만 1980년대와 비교할 때 1990년대에 더 큰 변화를 나타내고 있다. 이는 메탄 배출량의 절반 이상이 인위적 요인 즉, 화석연료의 사용, 가축, 벼농사, 쓰레기 매립에 의한 것이기 때문이다. 아산화질소(N_2O)의 경우도 1750년대 이후 46ppb(17%) 증가하였고, 계속 증가하고 있다. 현재 아산화질소 배출의 약 30%는 농업용 거름, 가축 사료, 화학산업 등 인위적 요인에 의한 것이다.[1]

[그림 1-1]은 얼음봉과 만년설을 통해 지난 1,000년 동안 남극대륙과 그린란드의 이산화탄소, 메탄, 아산화질소의 대기 중 농도 변화를 보여주고 있다. 이 기체들이 기후시스템에 미치는 복사강제력을 추정하여 오른쪽 눈금으로 나타내었다. 이런 기체들은 10년 또는 그 이상 대기에 잔류하기 때문에 잘 혼합되며, 그 농도는 지구 전체 배출원에서 배출되는 양을 반영한다. 3개의 그래프 모두에서 산업혁명 이후 시대에 인위적 배출량의 증가가 크게 영향을 미치고 있음을 보여주고 있다.

기후모델은 기후변화의 자연적인 원인과 인위적인 원인 모두에서 발생하는 온도변화를 모의하는 데 사용된다. 자연적인 강제력(예, 태양복사 세기의 변동과 화산 폭발에 따른 영향)만으로는 1950년대 이후 일어난 온난화를 설명할 수 없다. 반면 인간에 의한 인위적인 변화로는 1900년대에서 1950년대의 기온상승 원인을 규명할 수 없다. 이는 자연적인 강제력이 20세기 전반기 동안 관측된 온난화에 기여했을 수도 있음을 보여주고 있다. 인간에 의한 인위적 강제 요인과 자연적인 강제 요인이 합성되었을 때 지난 140년의 기온변화에 대한 모델 모의 값과 관측 값이 가장 일치하는 것으로 나타났다.

1 전의찬 외(2012), 『기후변화 25인의 전문가가 답하다』의 내용 중 일부(p.14~29)를 요약 발췌했다.

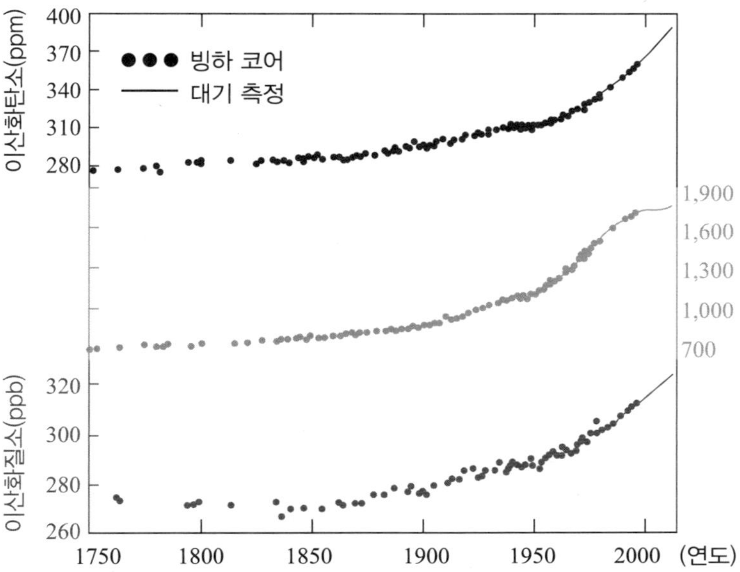

[그림 1-1] 지구 평균 온실가스 농도의 변화

*자료: IPCC 제5차 평가 종합보고서

1.1.2 기후변화의 영향

[그림 1-2]는 기후변화의 원인과 영향에 대한 복합적인 상호관계를 나타내고 있다. 인간 활동에 의한 인위적인 요인들로 기후변화가 나타난다는 것은 명백한 일이다. 전력, 산업 등과 같이 에너지 집약적인 산업에서의 화석연료 사용, 숲의 황폐화, 도시화와 같은 토지이용의 변화 등 인간 활동에 의해 기후변화의 중요한 징후들이 나타나고 있다. 이러한 징후들의 대표적인 예로는 지구 평균기온이 상승하는 지구온난화가 있으며, 지구온난화로 인한 해빙, 수은주의 변화, 바다 생태계의 변화 등 관련 현상은 서로 뚜렷한 상관관계를 나타내고 있다. 지구온난화에 의한 해수면의 상승으로 연안 습지가 사라지고 있으며 대형 태풍, 사이클론과 같은 자연재해로 환경적 이주가 나타나고, 전통적인 생활방식의 변화가 생기게 되었다. 이렇듯 기후변화의 원인과 영향은 복합적으로 연결되어 있다.

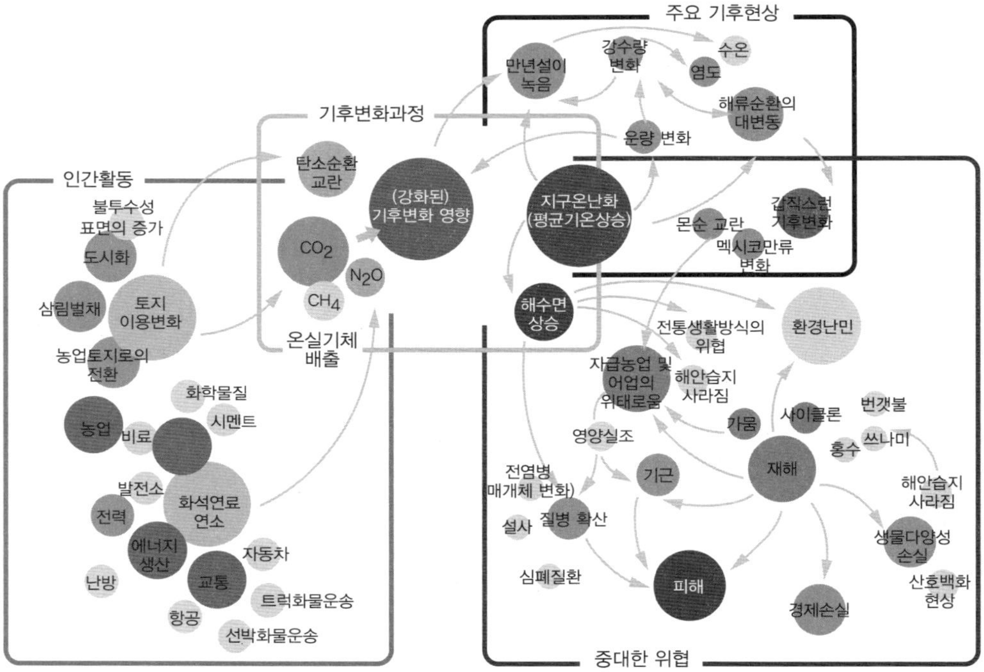

[그림 1-2] 기후변화의 복합적인 원인 및 영향

*자료: UNEP(2008), CCCC KICK THE HABIT, A UN GUIDE TO CLIMATE NEUTRALITY

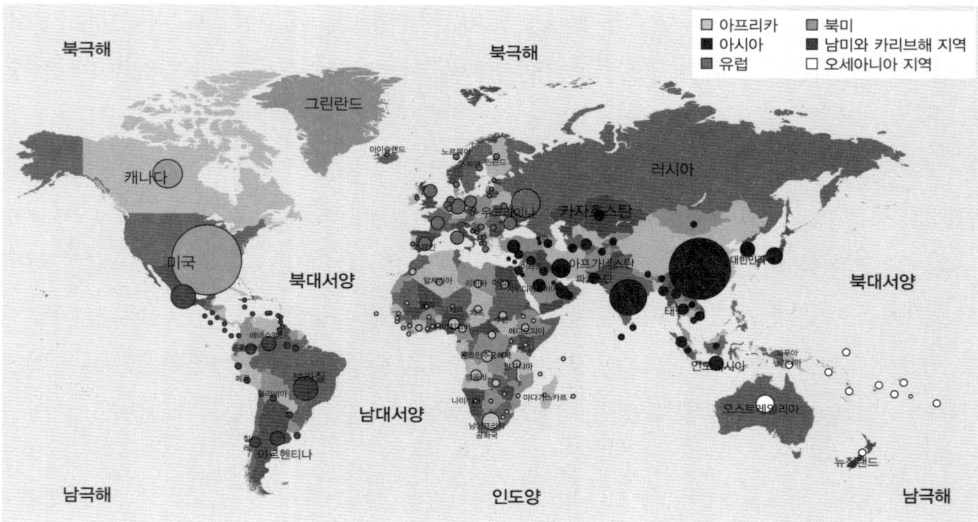

[그림 1-3] 전 세계 지역별 온실가스 배출량 지도

*자료: World Resources Institute, Google public data

1.1.3 온실가스 지역별 배출량

중국을 포함한 아시아지역은 전 세계에서 온실가스 배출량이 가장 많은 지역이다(그림 1-4). 중국의 온실가스 배출량이 세계 1위로 가장 많았고, 인도와 일본, 한국 등의 온실가스 배출량도 높은 비중을 차지하고 있다. 아시아지역의 온실가스 배출량은 1970년대 이후 줄곧 가파르게 증가하고 있고, 중국과 인도 등 신흥 개발도상국의 급속한 경제성장과 에너지 소비로 인해 2000년 이후로도 다른 지역과는 달리 온실가스 배출량이 빠르게 증가하고 있다.

유럽지역은 온실가스 배출량이 두 번째로 많은 지역으로, 1950년대 중반이후 1990년대 초반까지 온실가스 배출량이 가장 많았다. 하지만 1990년 초반 이후 온실가스 배출량이 급격하게 줄었는데, 이는 구소련 해체 이후 동유럽 국가들을 중심으로 경제 불황으로 인한 에너지 소비 감소에 기인한 것으로 보인다. 러시아가 가장 많은 온실가스를 배출하고 있고, 독일과 영국, 프랑스의 온실가스 배출량도 높은 비중을 차지하고 있다.

미국과 캐나다를 포함하는 북미지역은 전 세계에서 온실가스 배출량이 세 번째로 많

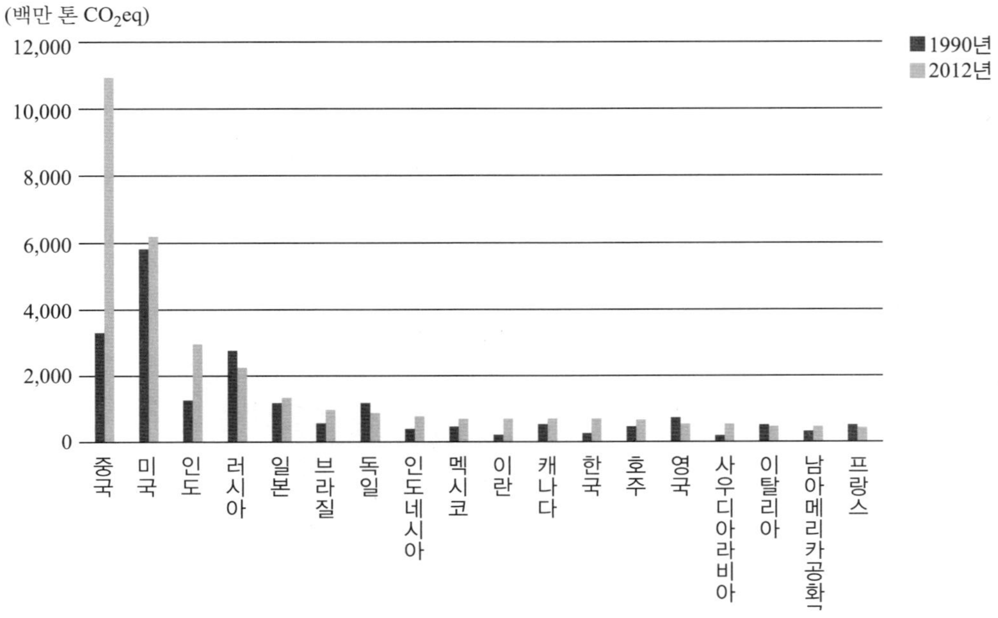

[그림 1-4] 전 세계 지역별 온실가스 배출량 지도

*자료: World Resources Institute, Google public data

은 지역이다. 거의 대부분 미국의 온실가스 배출량에 기인하며, 1970년대 석유 파동에 의한 등락 이후 2000년대까지 온실가스 배출량이 점진적으로 증가했으나, 2008년 미국발 금융위기를 겪으며 온실가스 배출량도 감소했다.

이 밖에 남미지역과 아프리카, 오세아니아지역의 온실가스 배출량은 아시아와 유럽, 북미지역에 비해 극히 적은 수준이다. 하지만 브라질과 멕시코, 오스트레일리아 등 주요 국가들의 이산화탄소 배출량이 많으므로 지역별 배출량과 함께 국가별 배출량을 살펴볼 필요가 있다.

1.1.4 온실가스 국가별 배출량

중국의 2012년 기준 온실가스 배출량은 109억 7,500만 톤으로 전 세계에서 가장 많았고, 1990년 대비 증가율도 230%로 가장 크게 증가했다. 1990년 온실가스 배출량 1위였던 미국은 2012년 중국에 이어 두 번째로 가장 많은 온실가스를 배출했다. 인도의 온실가스 배출량은 1990년 대비 2012년 143% 크게 증가하면서 3위를 기록했다. 한국의 온실가스 배출량은 12위 수준으로 나타났다.

중국(230%)과 인도(143%), 이란(171%), 한국(141%), 사우디아라비아(181%) 등 신

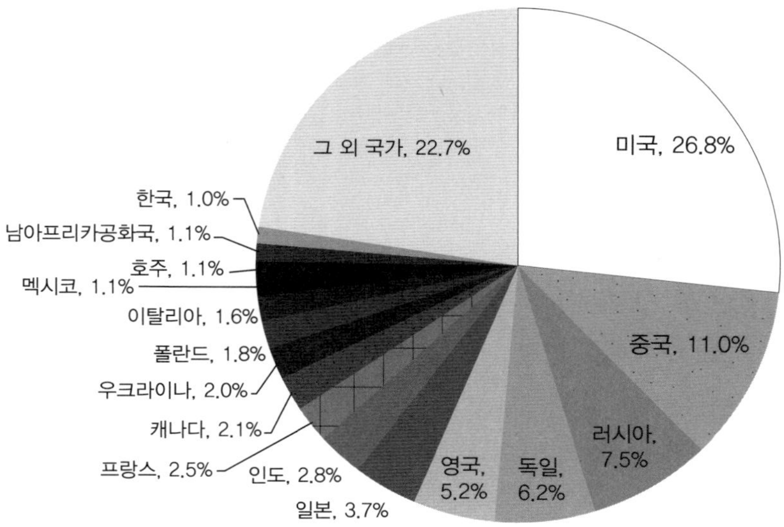

[그림 1-5] 1850~2012년 국가별 온실가스 누적배출 비중

*자료: World Resource Institute

흥 개발도상국과 중동 국가들의 온실가스 배출량이 크게 증가한 반면, 미국(5%), 일본(13%)과 같은 선진국은 소폭 증가했고, 독일(−24%), 영국(−25%), 이탈리아(−7%), 프랑스(−9%) 등 유럽 선진국들의 온실가스 배출량은 감소했다.

1850년~2012년 국가별 온실가스 누적배출량과 비중을 보면, 미국의 배출량이 가장 많고, 그 비중은 26.8%인 것으로 나타났다. 중국(11.0%), 러시아(7.5%), 독일(6.2%), 영국(5.2%), 일본(3.7%) 등의 온실가스 누적배출 비중이 높았다. 한국의 온실가스 누적배출량은 16위이며, 온실가스 누적배출량이 많은 주요 16개 국가의 누적 배출량 비중은 전 세계 온실가스 배출량의 77.3%를 차지하고 있다.

1.1.5 온실가스 부문별 배출량

온실가스 배출은 에너지 부문, 산업 부문, 토지 이용의 변경 부문, 농업 부문, 폐기물 부문에서 배출되고 있다. 전 세계 온실가스 배출량을 대상으로 부문별 배출량 비율을 살펴보면, 에너지 부문이 전체 온실가스 배출량의 약 66.5%를 차지하고 있다. 다음으로 토지 이용의 변경 부문이 12.2%, 농업 부문이 13.8%, 폐기물 부문이 3.6%의 비율을 차지하고 있다. 이와 같이 에너지 부문의 배출량이 가장 많은 비중을 차지하고 있으며, 그 중에서 전력 및 열 생산과 교통이 가장 큰 비중을 차지하고 있다. 배출된 온실가스는 이산화탄소가 77%로 가장 큰 비중을 차지하고 있으며 메탄은 15%, 아산화질소가 7%, 기타 온실가스는 전체 배출량의 1%를 차지하고 있다.

경제가 발전함에 따라 제품의 운송에 사용되는 에너지 비중이 높아지고 있다. 개인 및 상업 교통에 의한 에너지 소비는 전 지구 에너지 공급의 약 20%를 차지하고 있으며 약 80%가 화석연료를 에너지원으로 사용하고 있다. 세계적으로 도로수송(road transport)은 교통부문 배출량의 약 70%를 차지하는 가장 큰 발생원이다. 도로수송에 의한 온실가스 배출량은 1987년과 2004년 사이에 약 46.5% 증가하였다. 항공운송의 이용은 1990년에서 2003년 사이 약 80% 증가하였으며 지금도 꾸준한 증가 추세를 보이고 있다. 해양운송에서의 배출량이 그 다음으로 큰 배출 비중을 보여주고 있다. 국제 해양기구에 따르면 2007년 해양운송에 의한 온실가스 배출량은 약 8억 톤으로 이는 전 세계 온실가스 배출량의 약 3%에 해당되는 것이다. 이것은 해양운송과 관련된 이산화탄소 배출량이 지난 10년간 거의 두 배로 증가하였음을 의미한다.

농업부문은 수송부문과 같은 정도의 온실가스 배출량을 보여주고 있다. 농업부문의 온실가스 배출에는 첫 번째로 경작을 위한 삼림 벌채에 의해 발생되는 이산화탄소가 있다. 이는 이산화탄소 흡수원의 파괴라는 측면에서 더욱 강조된다. 다음으로 비료생산 및 기타 농약 생산을 위한 화석연료의 사용과 농장에서 시장까지 운송을 위한 연료의 사용이다. 그러나 농업부문에서 배출되는 주요 온실가스는 메탄과 아산화질소이다. 메탄의 배출은 주로 고기의 생산에서 배출되고 있다. 소나 양과 같은 되새김질을 하는 동물은 풀을 소화시키기 위한 되새김 위 구조를 가지고 있고 이 과정에서 메탄이 발생된다. 아산화질소는 주로 생산성을 높이기 위한 인공 질산염 비료 사용에 의해 배출되고 있다.

토지이용의 변화와 산림벌채는 이산화탄소 배출의 또 다른 중요한 부문으로 대기 중 탄소의 약 12%가 토지이용의 변화에서 발생하고 있다. 나무와 다른 식물은 성장 과정에서 광합성을 통해 대기 중의 이산화탄소를 흡수한다. 흡수된 이산화탄소는 이들이 썩거나 소각되는 과정에서 대기 중으로 다시 배출된다. 산림벌채는 이산화탄소 저장을 방해하는 요소가 되고 있으며 숲이 복원되지 않을 경우 이산화탄소 저장능력은 줄어들게 될 것이다.

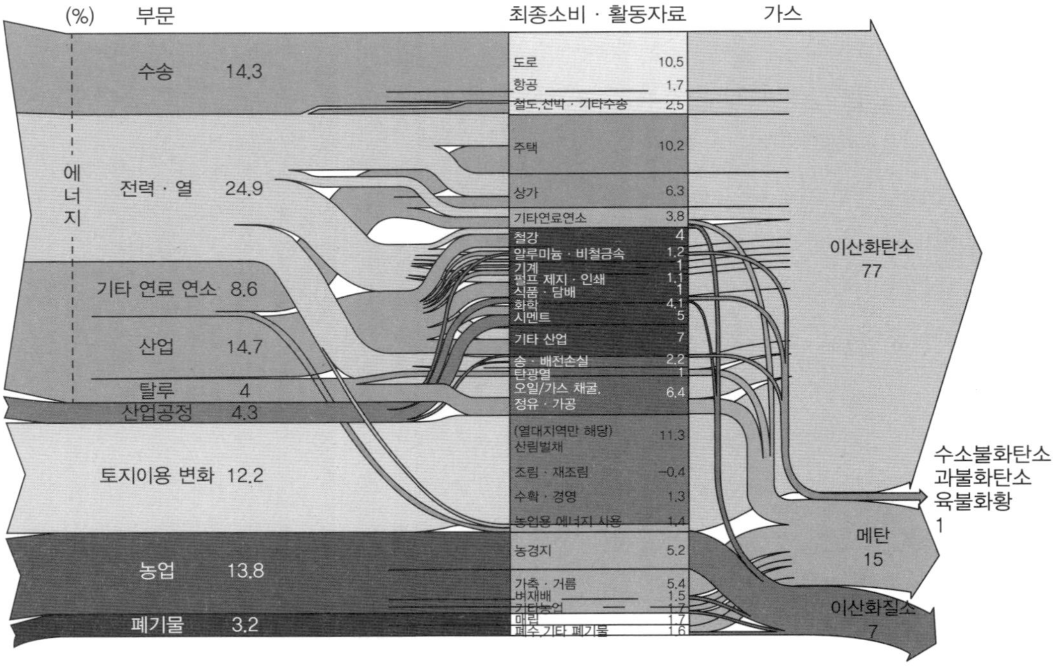

[그림 1-6] 1850~2012년 국가별 온실가스 누적배출 비중

*자료: World Resource Institute

1.2 기후변화와 국제협상

1.2.1 유엔기후변화협약과 당사국 총회

기후변화 당사국은 최고의 의사결정 주체로서 모든 국가는 당사국회의(Conference of the Parties)의 일원으로 대표적 역할 수행한다. 유엔기후변화협약(UNFCCC: United Nations Framework Convention on Climate Change)에서는 기후회의와 다른 법적 기구의 이행에 대한 검토와 회의의 효과적 수행을 위한 주요 의사 결정하고 제도적 준비와 행정적 역할을 추진한다. 당사국회의(COP)는 1995년부터 매년 정기적 회의 개최하면서 기후변화대응의 진행상황을 평가하고 있다(UNFCCC, 2015) 교토의정서(the Kyoto Protocol:1997)는 법적 의무사항이 있는 약속을 설립하여 선진국 대상으로 온실가스 감축 목표 제시한바 있다.

UNFCCC에서는 국가단위 온실가스 인벤토리를 구축토록 하고 Annex I 국가의 온실가스 감축에 대하여 정기적으로 인벤토리의 업데이트와 국가로 부터 추진상황 보고토록 하고 있다. 온실가스감축을 위한 토론과 함께 다양한 전략추진 미팅을 통한 공감대 확산에도 노력한다. 협상의 방향은 공통의 책임이나 차별화된 책임을 추구하며 당사국은 기후시스템을 보호하는 행동을 하여야하며 선진국 당사국은 기후변화대응을 리더하는 행동을 취해야한다. 모든 당사국 국가는 기후변화를 대응하기 위한 의무를 다해야한다. 기후변화 완화와 기후변화로 인한 영향에 대한 적응에 있어서 개발도상국은 효과적으로 그들의 의무를 수행해야 하며, 선진국들의 효과적인 수행에 의존하되 재원적 자원과 기술이전 분야에 있어서 빈곤 근절이 최우선적인 사안이다.

UNFCCC의 초기 프레임은 특별히 선진국의 온실가스 배출 안정화에 목표를 두고 1990년 수준으로 2000년까지 안정화를 추진하기로 하였다. 제1차 기후변화당사국 회의(COP1)에서 당사국은 Annex I 국가의 2000년 까지 1990년 기준 온실가스 안정화는 미흡한 수준으로 평가하고 추가적인 논의는 후에 Kyoto Protocol을 추진키로 한 바 있다. Kyoto Protocol은 2개 이행 기간을 두되 1기는 2005~2012년, 2기는 2012~2012년으로 하였으나 미국은 Kyoto Protocol 조약에 참여하지 않았고, 다른 Annex I 당사국은 비준에 참여, 모든 Annex I 국가 (미국 제외)는 1차 이행 기간 39개국과 EU가 참여 하였다. 2차 이행 기간 참여에 합의한 국가는 호주, EU 모든 가입 국가, 벨라루스, 크로아티아, 아이슬란드, 카자흐스탄, 노르웨이, 스위스, 우크라이나 등이다. 2차 기간 탈퇴한 국가는 일본, 뉴질랜드, 러시아이었다.

Bali Action Plan(2007)에서 모든 선진국 당사국은 감축목표를 수치화 하고 감축목표를 정하기로 합의 하였다. 국가들 공통으로 공동 노력 책임을 지고 국가별 차별화된 여건들을 고려하되, 개발도상국 당사국은 지속가능 발전을 할 수 있는 적절한 완화 계획을 추진키로 하며 기술적 재정적 지원을 받을 수 있다. 감축목표는 측정할 가능수준의 보고할 수 있도록 하고 실증할 수 있는 수준이 요구되었다. 42개 선진국이 감축 목표를 제출했고 57개 개도국과 아프리카 그룹 국가가 완화계획을 수립하였다.

Copenhagen Accord (2009)에서 많은 국가가 참여하여 코펜하겐 협정(Copenhagen Accord)을 마련하였다. 이 협정은 지구 온도 상승은 2.0 ℃ (3.6 ℉)미만으로 제한하되, 2015년에 1.5 ℃ 미만으로 강화 할 수도 있다는 여지를 남겨 두었다. 이 협정에서 기준년도를 특정하지는 않았으나 산업화 이전 또는 1990년 배출기준으로 하되 UNFCCC는 산업화 이전으로 연계토록 하는 것으로 114개 국가가 합의한 바 있다. 하지만 당사국회의에서 공식적으로 채택되지는 못하였다. 공식채택 대신에 당사국은 "took note of the Copenhagen Accord."로 표현하였다. 이 협정에 따라서, 17개 선진국과 EU-27개국이

[그림 1-7] 코펜하겐 기후변화당사국 회의장

감축 목표를 제출했고, 45개 개도국이 완화계획을 제출하였다. 여기에 대한민국도 포함되었다. 일부 개발도상국은 그들의 계획에 국제적인 지원 필요성을 밝히기도 하였다.

Cancún agreements(2010)에서는 코펜하겐 협정에서 제기된 내용을 칸쿤 합의(Cancún agreements)로 당사국회의에서 채택되었다. 지구온도상승은 산업화 이전 수준인 2.0 ℃ (3.6 ℉)미만으로 추진하되, 이 목표는 최상의 과학적 지식에 기반해 더 강화될 수 있다. 예를들면, 지구평균 상승 온도를 1.5 °로 제한 할 수 있는 여지를 남겨 두었다. 선진국과 개발도상국은 the Bali Action Plan에 따라 완환계획을 제출하기로 했다.

Durban(2011)에서 당사국들은 "Durban Platform for Enhanced Action"을 채택하였다. the Durban Platform의 일환으로 당사국들은 합의하되 법적 강제력이 있는 일치된 결과 또는 법적인 장치로서 protocol로 발전시키기로 하였다. 이 새로운 합의는 21차 COP에서 채택하여 2020년 안에 수행하기로 하였다.

Doha(2012)에서는 당사국은 산업화이전 수준으로 온도상승을 2 또는 1.5 ℃ 제한 하려는 현재의 노력이 적절한 지에 대해 심각한 우려를 나타내었다. 기후변화 대응 해결방안을 강화하고 전체적인 기후합의를 2020년까지 효과적으로 달성키 위한 방안 일정표

[그림 1-8] 코펜하겐기후변화당사국회의기간중 코펜하겐시청 부근 상징물

[그림 1-9] 더반 기후변화당사국 회의장

를 마련하고 이러한 합의를 2015년 까지 채택키로 하였다.

Warsaw(2013)에서는 당사국은 최대한 빨리 온실가스 감축을 시작할 것에 합의, 되도록이면 2015년 1분기까지 감축목표를 제출토록 했다. 우선 감축을 급격히 줄이도록 효과적인 전 지구적인 노력에 공감하고 인류의 오랜 지속적인 삶을 고려하여 기후변화의 위험지역을 제거하는 적응방안을 강구키로 하였다. 이어서 이러한 행동은 지금 바로, 보다 빠르게 보다 광범위하게 추진키로 하였다.

LIMA(2014)에서는 무엇보다 중요한 목표는 온실가스 감축을 2도 이내로 제한하되 현재 추진하고 있는 수준 보다 강화하기로 하고, EU는 1990년 기준으로 법적으로 구속력 있게 2030년까지 40% 감축키로 하였다.

2015년 12월 파리(COP21)에서는 어려운 협의 과정을 통해 2020년 이후 적용될 신기후체제 합의문인 '파리 협정'(Paris Agreement)을 채택되었다. 파리 협정은 2020년 만료 예정인 기존 교토의정서 체제를 대체한다. 협정이 발효되면 선진국과 개발도상국의 구분 없이 모든 국가가 기후변화 대응에 동참한다는 점이 교토 의정서 체계와는 근본적으로 다르다고 할 수 있다.

[그림 1-10] 더반시청에서 기후변화당사국 회의기간중 ICLEI기후변화회의 개최

신기후체제는 세계 온실가스 배출량의 90% 이상을 차지하는 195개 국가가 참여했다. 신기후체제는 온실가스 배출감소, 기후변화 대응 재원 조성 등을 통해 환경과 경제 · 사회 발전의 조화를 이루는 '지속가능 발전'을 추구하게 된다.

파리 협정은 각국이 온실가스 감축목표를 스스로 정하고 2023년부터 5년마다 이를 검증하는 체제다. 아울러 산업화 이전 대비 지구 평균기온 상승을 2℃보다 상당히 낮은 수준으로 유지하기로 하고 1.5℃ 이하로 제한하기 위한 노력을 추구하기로 했다. 이와 함께 5년마다 상향된 목표를 제출하도록 했다. 목표의 효과적 달성을 위해 다양한 형태의 국제 탄소시장 메커니즘 설립에 합의했다. 온실가스 감축뿐 아니라 기후변화에 대한 적응의 중요성에 주목하고, 기후변화에 따른 손실과 피해 문제도 규정해 다루기로 했다. 모든 국가는 국가적응계획을 수립하고 관련 보고서를 제출키로 했다. 재원의 경우 개도국의 기후변화 대응을 위한 선진국의 재원 공급 의무를 규정했다. 선진국 이외 국가의 자발적 기여도 장려하고 공공기금을 포함한 다양한 분야에서 재원을 조성한다(환경부 2015).

물론 협상과 협의 과정에서는 선진 · 개도국간의 차별화, 장기목표 설정, 개도국 지원 등 주요 이슈들에 대한 의견 대립이 협상 막바지까지 지속됨에 따라, 195개 당사국들은 밤샘 협상을 거쳐 당초 예정보다 하루 늦은 지난해 12월 12일에 전문 및 29개 조항으로 구성된 '파리협정(Paris Agreement)'에 합의를 도출한 바 있다. 신기후체제 하에서 선진국과 개도국의 의무를 어떻게 차별화할지를 두고도 개도국들은 기후변화협약 부속서에 근거, 선진국과 개도국을 구분하고 온실가스 감축에 선진국들의 우선적 역할과 법적 의무를 강조했고, 선진국들은 개도국들도 증가한 온실가스 배출량과 변화된 국가역량에 상응하는 의무를 부담해야 한다는 입장을 제시해 결국, 파리 총회에서는 선진국이 기후변화 대응에 있어서 우선적 역할을 하되, 개도국을 포함한 모든 국가가 자국의 기여방안(NDC)을 스스로 결정하고 이를 점차 강화해나가는 절충안으로 합의가 이루어지었다.

1.3 도시단위의 기후변화 대응기구

국가간 기후변화 대응 틀 안에서 도시들이 국가의 대응방향에 적극적으로 참여하는 것은 지극히 자연스러운 대응 방향이다. 하지만, 앞서 합의한 1997년 교토체제의 운영에 있어서 미국이 국가 단위에서 교토의정서 탈퇴를 한 상황에서도 미국의 뉴욕, LA, 시카고 등 주요도시들은 국가의 대응과는 다르게 자발적인 기후변화 대응노력을 적극적으로 기울이며 세계 도시 간 협력을 통해 기후변화대응에 많은 성과를 이루어온 바 있다(C40 CITIES, 2015).

중앙정부는 전체적인 흐름은 추진하는 과정에서 기후변화대응 관련해서 흐름을 정하고 방향을 제시하지만, 구체적이고 세밀한 분야를 다루지 못할 수도 있으나 도시들은 실제 시민이 원하는 것이 무엇인지 시민들과 호흡하면서 또한 기업들이 실질적 필요가 무엇인지 의견을 들어가면서 그들의 요구에 민감하게 반응하며 온실가스 감축과 효율성을 제고하는 노력을 적극적으로 할 수도 있다. 예를 들면, 도시에서 우선적으로 시행하여 성과를 내고 있는 건물에너지효율화사업(BRP: Building Retrofit Project)은 2008년부터 C40리더십그룹의 도시들이 먼저 시작하여 국가차원에서 유사한 정책이 도입된 것처럼 온실가스 감축 우수사례를 다른 세계 도시들 뿐 아니라 국내적으로 확산하는데 기여한 바 있다.

특히 도시는 세계적으로 온실가스를 70%이상 배출하는 온실가스 다량배출의 원인제공자로서의 책임을 가지고 있으며, 인구의 집중으로 인한 장기적 도시개발 기회를 놓치고 취약점을 가지고 있을 수도 있고 기후변화가 가져오는 홍수, 폭설 등 각종 재난에 취약한 여건을 가지고 있다.

이런 상황에서 우선적으로 기후변화에 취약한 분야의 극복했거나 해결해가는 과정에서 축적한 경험들을 공유하며 모범적 사례를 보다 넓게 활용할 수 있도록 신기후체제에서 중요한 기후변화대응의 당사자(Stakeholder)로서 UN에서도 인정한 바와 같이 다른 도시들에게 제공 할 수 있으며 도시간 힘을 모아 정보를 교류하며 여건이 가능한 주요 도시들을 중심으로 능동적인 기후변화대응을 이끌 수 있는 기회를 가지고 있다. 이런 맥락에서 도시들의 기후변화 대응을 위해 기여해온 C40리더십그룹과 ICLEI 등 국제적인 기후환경분야 공동체를 중심으로 도시간 및 환경분야 국제기구들과 국제 협력을 통해 다양한 주제를 논의하면서 도시들의 모임을 지속할 수 있을 것이다. 예를 들면 각 도시 국제기구 총회, 컨퍼런스 등에서 논의 과정을 정리하여 선언형식으로 또는 발표를 통해서 주장하는 주요내용들은 "미래에 후손들을 위하여 기후변화에 어떻게 대처 할 것인가"에 대한 과제에 각 도시들이 '저탄소 도시'를 만들 것을 다짐하며 이를 위해 구체적인 행동계획을 수립 이행하는 등 도시들이 자발적 선도적 역할을 하고 있다.

1.3.1 대도시 기후변화 대응 : C40리더십그룹

대도시들의 모임인 C40리더십그룹은 클린턴 전 대통령이 주도한 CCI(Clinton Climate Initiative)와 기후변화대응을 위해 다양한 기후변화대응 노력을 공동으로 기울여 왔고, 그 중 하나는 2009년 5월 도시계획 또는 개발 단계에서부터 탄소발생을 저감하는 기획과 설계를 하여야 한다는 점에서 신 · 재생에너지 등 녹색기술을 투입 하는 CPDP(Climate Positive Development Project: 기후긍정개발) 개념을 사업에 반영 추진키로 한 바 있다. 신기후체제를 준비하는 과정에서 2014년 9월 UN 기후정상회의에서 도시차원의 공동체들이 함께 UN의 후원으로 ICLEI, UCLG와 연합하여 시장협약(Compact of Mayor)을 마련하여 도시의 기후변화 대응의 틀을 마련하고 UN과 지속적으로 연계하여 기후변화 노력의 주체(Stakeholder)로서 자리매김하고 있다.

C40리더십그룹은 전 세계 대도시들이 기후변화에 대한 심각성을 인식하고 이에 대응하기 위해 자발적으로 구성한 것으로 2005년 10월 영국 런던에서 전 런던 시장 켄 리빙스턴(Ken Livingston)의 제안으로 18개 대도시 대표들의 1차 모임으로 시작되었다. 제1

차 회의를 통해 C40 대도시기후리더십그룹(C40 Climate Leadership Group)의 토대가 형성되었고, 2006년 8월 전 미국 대통령인 빌 클린턴이 이끄는 클린턴기후구상(Clinton Climate Initiative 이하 "CCI")과 C40 기후리더십 그룹간의 MOU (Memorandum of Understanding)를 체결하고 협력관계를 맺으며 활동하고 있다. 2007년 5월 미국 뉴욕에서 개최된 제2차 정상회의는 세계 51개 대도시 대표가 참여하여 기후변화 공동대응에 대한 정보교류 합의와 건물에너지합리화사업 등 실질적인 기후변화대응을 추진하기로 하였다.

C40의 구성목적은 대도시들이 기후변화에 공동대응하고, 온실가스의 감축을 위한 행동과 협조의 구체적 방안을 마련하는 것이다. 이를 위해 신재생에너지 및 에너지 효율화 기술개발과 성공사례 경험공유를 통해 기후변화에 관련된 산업의 발전에도 역량을 모으고 있다.

2009년 5월 18일부터 21일까지 서울에서는 전 세계 도시지도자들이 모여 도시차원에서 지구온난화에 대응하기 위한 전략과 행동을 마련하는 제3차 C40 기후정상회의가 열렸다. 이 회의에는 40개의 C40 회원도시와 17개의 준회원도시 그리고 비회원도시로부터 80여명의 시장들과 5백명의 정책결정자, 기업가와 전문가들이 참가한바 있다. 2년마다 열리는 이번 회의가 2005년 런던, 그리고 2007년 뉴욕 2009년 서울 2011년 상파울루 2014년 요하네스버그에서 개최되었고 2016년은 멕시코시티에서 개최될 예정이다.

도시들은 그들의 영역에서 활용할 제도 등 운영 방안을 가지고 있고 기후변화대응에 행동할 수 잇는 독특한 위치에 있다. 도시들은 의미 있는 기후변화행동을 취할 수 있는 자원과 기능을 광범위하게 행사 할 수 있다. 도시기후변화행동을 확산하고 강화하기 위하여 C40리더십그룹은 기술적 정책적 진보를 지원하기 위해서 도시들이 처한 여건들을 보다 잘 이해할 필요가 있다. 도시들은 제한되지만 주어진 권한과 영향력(Power) 안에서 도시들간 그리고 NGO등 비도시 기구들과도 서로 적극 협력하므로 한정된 파워(Power)를 극복하고 있다. 도시들이 비록 한정된 파워를 가지고 있지만 의미있는 행동을 제한하는 것은 아니다.

2005년에 결성된 세계 대도시들의 기후변화 대응 실천 모임인 C40 도시기후 리더십 그룹에 서울시는 기후변화 대응 국제협력 차원에서 2006년 7월에 가입하였으며, 2007년부터 운영위원회 도시로 선출되어 적극적으로 활동하고 있으며, 런던(제1차) 뉴옥(제2차)이 이어 서울에서 제 3차C40도시기후정상회의를 개최(2009. 5.18-5.21)하여 공동목표와 구체적 실행방안을 담은 서울선언을 발표하고 참가도시와 MOU를 체결하는 등 기후변화대응에 국제적 협력을 주도하는데 기여하였다. 제 4차 기후정상회의(상파울루, 2011. 5.31−6.2)에서는 C40와 세계은행간 MOU를 체결하고 개도국 도시의 기후변화 대응사업 재정지원을 합의, '12년 Rio+20에 제출할 기후변화 대응 및 지속가능한 도시 개발에 대한 성명서를 채택했으며, 서울시의 친환경 교통 우수사례를 발표한 바 있다.

2011년 10월에는 런던 C40 운영위원회 참가했으며, 2012년에는 CDP(탄소정보공개 프로젝트) cities 아시아지역 의장도시 수임, 2012년 6월에는 리우데자네이루 C40 운영위원회 참가했다. 2013년 11월에는 C40 CPDP(Climate Positive Development Project) workshop에서 마곡조성사업에 대해 발표하고 C40 BRT Network workshop에서는 서울시 BRT 정책 발표. 또한 CDP Cities Korea Conference에 참석해서 기후변화대응 우수도시 특별상을 수상하였다.

제 5차 기후정상회의(요하네스버그, 2014. 2.4−2.6)에서는 서울시 친환경 교통 우수 정책을 발표하고 2015년 UN의 Sustainable Development Goals(SDGs)에 C40 지지서명 및 C40와 회원도시 간 공조체제 구축을 위한 MOU를 체결했다. 특히 C40는 분야별 다양한 네트워크를 구축 정보교류와 협력을 주도하고 있다.

주요 사업을 정리하면 다음과 같다.

[표 1-1] C40 대도시기후리더십그룹

◎ C40 대도시기후리더십그룹(C40 Cities−Climate Leadership Group)

- 본부소재지 : 런던(영국), 2005년 설립
  - Ken Livingstone 前 런던시장 주도하에 C20그룹 설립, '07년 C40로 확대
- 목　　적 : 기후변화대응을 약속한 대도시들의 모임
- 의　　장 : 에두아르도 파에스(Eduardo Paes) 리우 시장

※ 역대의장 − Ken Livingstone 런던시장 (2005 ~ 2008.5)
David Miller 토론토시장 (2008.6 ~ 2010.11)
MIchael Bloomberg 뉴욕시장(2010 ~ 2013)

◘ 조 직 : 41개 대도시 및 22개 협력도시

- 운영위원회 도시가 회의 개최(분기 1번, 컨퍼런스콜)를 통해 조직 운영
- 2년에 한번 도시 시장들을 위한 정상회의를 개최. 도시의 성과 교류
- 정상회의 개최 현황

① 제1차 런던 C40 정상회의 : '05.10. 3~10. 5(3일)
 – 개최장소 : 런던시청(18개 도시 참가)
 – 주요성과 : 기후변화 대응 도시간 공조체제 구축 합의, 기술혁신 및 상업화 진흥전략 추진

② 제2차 뉴욕 C40 정상회의 : '07. 5.14~5.17(4일)
 – 개최장소 : 뉴욕 Essex 호텔(51개 도시 참가)
 – 주요성과 : BRI 추진합의, 기후변화 관련 정책 및 경험 상호교환, 기후변화 대응 공동선언문 및 사업계획 채택

③ 제3차 서울 C40 정상회의 : '09.5.18~5.21(4일)
 – 개최장소 : 정상회의(신라호텔), 기후변화박람회(코엑스)
  ※ 72개 도시, 4개 국제기구 1,037명 참가
 – 주요성과 : 공동목표와 구체적 실행방안을 담은 서울선언 발표, 참가도시와 MOU 체결 등 서울의 국제적 위상 강화

④ 제4차 상파울로 C40 정상회의 : '11.5.31~6.2(3일)
 – 개최장소 : 브라질 상파울로 쉐라톤WTC호텔
 – 주요성과 : C40–세계은행간MOU체결 개도국 도시의 기후변화 대응사업 재정지원 합의, '12년 Rio+20에 제출할 기후변화대응및 지속가능한 도시개발에 대한 성명서 채택

⑤ 제5차 요하네스버스 C40 정상회의 : '14년 1월
 – 개최장소 : 남아프리카공화국 요하네스버스 컨벤션센터
 – 주요성과 : 메가시티 기후행동 발표
  회복력 있는 살아있는 메가시티에 대한 논의 강화

[표 1-2] C40 회원도시 현황

대도시 회원(Megacity) *밑줄: 운영위원회 도시		총 44개 도시
유럽	Athens, Berlin, Istanbul, London, Madrid, Moscow, Paris, Rome, Warsaw	9개 도시
동아시아	Beijing, Hong Kong, Seoul, Shanghai, Tokyo, Shenzhen, Wu-han	7개 도시
아프리카	Addis Ababa, Cairo, Johannesburg, Lagos	4개 도시
북미	Chicago, Houston, Los Angeles, New York, Philadelphia, To-ronto, Boston, Washington DC*	8개 도시
남미	Bogota, Buenos Aires, Caracas, Lima, Mexico City, Rio de Ja-neiro, Sao Paulo	7개 도시
서남아시아	Delhi NCT, Karachi, Mumbai (올 3,4분기에 투표로 결정될 예정)	3개 도시
동남아/대양주	Bangkok, Dhaka, Hanoi, Jakarta, Melbourne, Sydney	6개 도시

혁신도시 회원(Innovator City) *밑줄: 운영위원회 옵서버 도시		총 22개 도시
유럽	Barcelona, Copenhagen, Heidelberg, Rotterdam, Stockholm, Amsterdam, Basel, Milan, Oslo, Venice*	10개 도시
아시아	Changwon, Ho Chi Minh City, Yokohama	3개 도시
북미	Austin, New Orleans, Portland, Salt Lake City, San Francisco, Seattle, Vancouver*	7개 도시
남미	Curitiba, Santiago de Chile	2개 도시

1.3.2 중소도시 기후변화 대응 : ICLEI

ICLEI(지속가능성을 추구하는 지방정부)는 세계의 도시와 지방정부 지도자를 연계하여 환경보존과 관련한 자치단체의 권한 및 역량강화를 위한 활동을 하는 세계 최대의 자치단체 연합기구이다(ICLEI, 2015). 1000개이상 도시, 지자체, 대도시 등이 가입하여 지속가능한 미래를 위한 협력체이다. ICLEI이름은 원래 "International Council for Local Environmental Initiatives,"에서 "Local Government for Sustainablility"로 변경했다.

이클레이(ICLEI) 는 1990년 지방정부들에 의해 설립, 설립목적으로는 지역활동을 통한 지구환경 보호와 지속가능 발전의 가시적 성과 달성하고 환경보전과 관련한 자치단체의 권한 및 역량 강화하는데 있다.

협력 증진초기에는 43개국 200개 지방정부가 뉴욕에서 지방정부의 미래 국제총회 개최 후 설립되었다. 이클레이는 지방정부 차원의 지속가능발전을 위한 기술적 컨설팅, 훈련, 정보제공, 지식공유, 지방정부지원 국제적으로 87개국 1,000여개 자치단체 및 자치단체 연합기구를 운영하며 각국에 13개 사무실은 운영하며 세계운영본부는 독일 본에 위치한다. 13개 사무실은 각국과 지방정부들의 수요에 따라서 각종 서비스를 제공 운영프로그램은 지방정부의 요구에 따라 다양하게 운영되며 각종 프로젝트를 추진 이클레이는 비영리 조직으로 세계적 규모로 지방정부와 관련 사업을 추진하고 있다. 한국 회원 수는 47개 (서울, 부산, 인천, 제주, 수원 등)이며, 지방의제 21(Local Agenda 21) 추진, 지속가능한 개발 기획과 모델 개발 탄소와 도시 기후등록 프로그램(Carbon n Cities Climate Registry) 운영 생물다양성을 위한 지역행동(LAB) 등 자치단체간 공동프로젝트 추진 등을 통해 지역 기후변화사업과 협력하고 있다.

지속가능성, 기후변화 대응, 에너지 사용 전략 등 분야별 사업 목표를 추진하며 같은 지방정부를 지원하고 지방정부의 재정, 에너지, 자연자원의 절약을 지원하고 활동적이고 창의적인 커뮤니티 운영 기후변화와 같은 주요이슈에 적극 대응하고 있다.

모든 이클레이 프로그램은 자발적이며 지방정부간 협력을 디자인하고, 지방정부에 명령하거나 과도한 의무를 부여하지 않는다.

[표 1–3] 이클레이 현황

◘ 명 칭 : ICLEI – Local Governments for Sustainability(지속가능성을 위한 세계지방정부)

※ ICLEI 종전 명칭: International Council for Local Environmental Initiatives(자치단체국제환경협의회)

◘ 설립경위

- '90.8월 UN에서 개최된 "지속가능한 미래를 위한 지방정부 세계총회" 계기, 9월 설립

◘ 설립목적

- 지역 활동을 통한 지구환경 보호와 지속가능 발전의 가시적성과 달성
- 환경보전과 관련한 자치단체의 권한 및 역량 강화, 협력 증진

◘ 구 성 : 84개국 1,000여개 자치단체 및 자치단체 연합기구

- 주요임원
  - 회장 : 박원순 서울시장
  - 사무총장 : Gino van Begin(벨기에)
- 한국회원도시: 46개(서울, 부산, 인천, 제주, 수원 등), 동아시아-한국포함 79개

◘ 조 직

- 세계 사무국 : 독일 본
- 지역사무국(8개) :유럽(프라이부르크), 남아시아(뉴델리), 동남아(퀘존시티), 동아시아(서울), 아프리카(케이프타운), 오세아니아(멜버른), 중앙아메리카(멕시코시티), 남아메리카(상파울루)
- 국가사무소(4개) : 한국(수원), 미국(오클랜드), 일본(도쿄), 캐나다(토론토)

◘ 주요활동

- 지방의제21(Local Agenda 21) 추진, 지속가능한 개발기획과 모델개발
- 탄소와 도시 기후등록 프로그램(Carbon n Cities Climate Registry) 운영
- 생물다양성을 위한 지역행동(LAB) 등 자치단체간 공동프로젝트 추진

이클레이 총회는 1990년 뉴욕회의를 시작으로 매 3년마다 총 8회 개최한바 있고 2015년 서울총회를 개최하고 시장협약의 이행 국제기후변화에 공동대응을 위한 선언, 서울의 약속을 통한 세부적인 기후변화대응 우수사례 개발 등 국제적 기후변화대응에 중요한 이정표를 마련하였다.

서울시는 지방정부의 환경자치역량 강화를 목표로 1999년 5월에 자치단체 국제환경협의회(ICLEI: Local Governments for Sustainability) 정회원으로 가입하여 현재까지 활동하고 있으며, 2012년 6월 브라질 벨루오리존치에서 개최된 'ICLEI 세계총회'에서 박원순 서울시장이 세계 주요도시 리더들의 모임인 기후변화세계시장협의회(WMCCC) 의장으로 선출되었다.

[표 1-4] 이클레이 총회개요와 결과

회차	개최기간	주최도시	회차	개최기간	주최도시
1차	'90. 9. 5.(수) ~ 9. 8(토)	뉴욕(미국)	5차	'03.11. 3(월) ~ 11. 7(금)	아테네(그리스)
2차	1993. 6월	토론토(캐나다)	6차	'06. 2.27(월) ~ 3. 3(금)	케이프타운(남아공)
3차	'95.10.24.(화) ~ 10.26(목)	사이타마(일본)	7차	'09. 6.14(일) ~ 6.18(목)	에드먼턴(캐나다)
4차	'00. 6.28.(수) ~ 7. 2(일)	데사우(독일)	8차	'12. 6.14(목) ~ 6.18(월)	벨루오리존치(브라질)

[표 1-5] 이클레이 최근 3회 총회 주요결과

구분	벨루오리존치(2012)	에드먼튼(2009)	케이프타운(2006)
주 제	ICLEI's 8 Agendas of Action for Sustainable Cities	Rapid Action, Radical Solution, Connecting Leaders	Local Solution for Global Challenges
공식언어	영어, 스페인어, 포르투갈어	영어, 불어, 스페인어	영어
참가자수	1,465명	560명	545명
지방정부 참가자	805명(55%)	339명(60.5%)	148명(27.1%)
주요 결과	• ICLEI의 새로운 계획으로 8개 어젠다의 성공적 개시 • Rio+20 에 전략적 연계 • '맥시코시티 협약' 및 '더반적응 헌장' 채택 • '도시생물권(URBIS) 네트워크' 개시	• ICLEI공식프로그램으로 지역생물다양성(Local Action Biodiver-sity) 채택 • 아시아지역에 대한 관심도 향상 • 젊은 미래도시 리더 체계확립	• 지역생물다양성(Local Action Biodiversity) 프로그램 시범 개시 • 도시자연컨퍼런스, • 연구자심포지엄 개시 • 케이프타운에 아프리카지역사무소 개소

2012년 10월에는 서울에 ICLEI 동아시아본부를 개소하였으며 국제 세미나를 개최하여 한국, 중국, 일본, 대만, 몽골, 북한 등 6개 국가의 자치단체가 환경문제에 공동 대응할 수 있는 소통의 장을 제공하고 있다.

서울시는 매 3년마다 열리는 2015년 ICLEI 세계총회를 2015년 4월 8일~4월 12일까지 '지속가능한 발전을 위한 지방정부의 행동(Local Action for SDGs)'을 주제로 5일간 개최 하여 아시아 등 개발도상국가 도시를 대상으로 서울시의 기후환경 관련정책을 소개하고 지원하는 프로그램을 포함시켜 개발도상국의 기후환경에 대한 관심을 제고하고 선진 환경기술을 지원받을 수 있는 기회 제공하기로 했다.

2015년 4월 8일 이클레이 집행위원회 선거에 의해 박원순 서울시장은 이클레이 회장으로 선출 되었고, 서울시는 회장도시가 되어 기후환경분야 도시들의 협력을 이끄는 국제적인 노력에 앞장서게 되었다.

서울총회의 의의를 살펴보면, 기후변화대응을 위한 도시와 지방정부의 성과와 선도적 역할 통해 UN 당사국의 기후변화 정책의 실행력을 확보하므로 당사국별로 보다 적극적으로 기후변화대응 정책을 전개할 수 있도록 계기를 마련하였다고 볼 수 있다. 예를 들면 서울선언문, 서울액션플랜, 기후변화대응을 위한 서울의 약속 선언 등으로 기후변화대응 실행력을 확보하였다. 2015년 12월 파리 COP21에서 신기후체제 출범을 위한 가교 역할을 하면서, 총회 이후 서울시 차원의 지속가능한 새로운 도시간 환경협력을 구체화하였다.

서울총회 주요성과를 세부적으로 보면 5개 도시(요하네스버그, 몬트리올, 산라파엘, 낭트, 파리) 온실가스 감축 실천방안 공표 하였다 예를 들면, 몬트리올의 경우 90% 이상을 재생에너지로 공급, 2020년까지 30% 감축을 선언했고 그 외에도 36개 도시(몬트리올, 파리, 밴쿠버 등)가 시장협약 동참 의지 발표 하면서 ICLEI, C40, UCLG 등 시장협약 연대기구간 협력강화 및 참여 확대 촉구하였다. 시장협약 참여도시는 도시기후공약(온실가스 배출량 감축목표, 기후변화 적응계획) 등록하고 공인된 온실가스 배출 국제프로토콜(GPC)을 통해 보고 및 공개한다.

서울선언, 서울액션플랜, 서울의 약속 및 이행계획 등으로 기후변화대응 실행력 확보를 위하여 88개국 240개 도시(해외 204개) 참여, 서울선언문 및 서울액션플랜 채택하면서 100여 명의 시장이 직접 참여, 지속가능한 도시 만들기 서울선언 지지를 표명하였다. 서울선언의 주요내용으로는 2020년까지 2005년 대비 25%, 2030년까지 40% 감축, 지방정부 리더에게 시장협약의 이행 및 확대를 위한 구체적인 플랜과 목표 제시하였고 특히, '기후변화대응을 위한 서울의 약속'을 시민과 함께 선포하였는데 주요내용은 10개 분야 총 36개 과제에 대해 시민 · 기업 · 행정의 행동계획 제시하고 이를 많은 시민이 참여하는 기회를 마련하고자 해외도시 시장단, 시민, NGO 등이 깃발, 지구풍선 등을 들고 거리 행진하였다.

무엇보다도 신기후체제(Post−2020) 출범을 위한 가교역할을 한 것으로 평가되고 있다 즉, 도시들이 선도적으로 온실가스 감축목표를 제시함으로써, 각국이 현재의 감축 행동을 넘어서는 강화된 자발적 기여(INDCs, Intended Nationally Determined Contributions)를 제출하도록 당사국에 촉구하므로 당사국들은 자국의 감축목표(적응 부문 포함)를 자발적으로 결정, COP21에 앞서 제출하기로 합의를 이행하는데 힘이 되어졌다.

기후변화와 환경문제의 해결을 위해 참여 폭으로 넓히기 위하여 4월10일 시민, 기업, 행정기관 등 모든 이해 당사자들 700명이 함께하는 국내외 시민사회 관계자 700명이 모인 시민사회포럼을 함께 개최하였다.

그 배경은 2015 이클레이 세계도시 기후환경총회 서울 개최를 통해 시민사회와 지방정부간의 파트너십의 구축이 필요했고, 2015 이클레이 세계도시 기후환경총회 서울 개최를 통해 시민사회 의견 전달하고 지속가능발전 도시를 위한 지방정부와 시민사회 단체간의 공동역할을 모색하였다(서울시, 2015b).

총회 기간 중 분과회의 사례(발췌요약) ABCD세션과 SP(스페셜)세션등 38분과 의 발표내용중 개별적 발언부분과 인적사항은 제외한 발표요지와 시사점을 학문적 기후변화 대응에 활용하도록 부록에 별도 첨부했다.

[표 1-6] 서울 이클레이 세계총회 개요와 프로그램

2015 서울 ICLEI 세계총회 개요

◘ 행사개요

- 일　　시 : '15. 4. 8.(수) ~ 4.12.(일), 5일간
- 장　　소 : 동대문 디자인플라자(주행사장), 신청사 및 서울광장
- 참가규모 : 2,000명(국외 800, 국내 1,200)
  - 84개국 1,000개 회원도시, UN등 국제기구, 기업, 연구소, NGO 등
- 주　　제 : 도시의 미래를 위한 지속가능한 해법
  (Sustainable Solutions for an Urban Future)
- 구　　성 : 개회식 및 기조연설, 전체회의(7회), 분과회의(28회),
  현장워크숍, 기후변화전시회

◘ 프로그램 일정

구 분	총 회	부대행사	비 고
1일차 (4.8. 수)	참가자 등록, ICLEI 회장선출 (취임연설)	환영리셉션 (서울시 주최, 오후), 기후변화전시회 개막 (4.8~4.12)	ICLEI 회장, 사무총장 언론대담 (오전, 시장집무실)
2일차 (4.9. 목) 공식행사 시작	개막식(개회사, 환영사), 기조연설,시장단회의, 분과회의	오찬 및 만찬(ICLEI 주최)	「서울선언문」 발표 시 ↔ 해외도시 MOU
3일차 (4.10. 금)	전체회의, Seoul on Stage (우수정책 소개) 우수시설 현장견학 (Site Visit)	교류의 밤 (정보교류 및 친목도모)	「서울의 약속」 발표 시 산하기관 또는 협력기관↔해외도시 MOU 국내기업↔해외도시 또는 해외기업 계약체결
4일차 (4.11. 토)	전체 및 분과회의, 새로운 도전과제 논의	오찬, Urban Nature (4.11~4.12), 환송만찬(공동주최)	Congress Outlook (총회 요약), 「서울액션플랜」 발표
5일차 (4.12. 일)	ICLEI세계집행위원회, 이클레이 스태프회의	기후변화전시회 폐막	

일정별 프로그램 구성

◘ Plenary(전체회의): 총 7회(도시시장 참여 기후환경 기조와 방향토론 및 발표 · 선언)

회의일시		회의 성격	회의 주요 내용
4. 9 (목)	09:00~10:00	개막총회	서울시장 개회사, 초청인사 환영사 및 기조연설
	10:20~11:40	서울선언 채택	서울선언문과 관련지역 행동에 관한 시장단 발표
4.10 (금)	09:00~10:30	세계도시 시장포럼	시장협약 확대 강화등(WMCCC 확대 운영)
	11:00~13:00	Seoul on Stage	서울시의 우수한 기후 · 환경 · 에너지 정책 소개
4.11 (토)	09:00~10:00	도시 미래의 재정	지구환경기금 · 세계은행 · 지방정부 고위인사 발표
	10:30~12:00	지역행동에 SDG 통합	UCLG, 해비타트III 등 파트너 참여 발표 및 토론
	17:45~18:00	폐막총회	세계총회 요약 및 세계총회 유산 종합

◘ Sub-plenary : 총 7회(plenary와 관련된 발표 및 행사로 진행)

회의일시		주 제	내 용
4. 9 (목)	13:30~15:00	중국 도시의 과제 및 기회	중국의 도시화 진행, 중국 정부계획 발표 등
	15:45~17:15	성공의 징표로서 녹색수도상	녹색수도상을 받기 위한 도시들의 기후변화 대응 노력
4.11 (토)	15:45~17:15	도시 파트너십 최적화	도시계획과 사업 솔루션 통합
			연구를 실천으로 연결하는 힘
			공동목표로서의 거버넌스
4.11 (토)	14:00~15:30	혁신적인 도시 리더십	도시 리더십이 어떻게 도시를 선도할 수 있는지 등
	16:00~17:45	물의 미래	지속 가능한 물 관리를 위한 지방 리더십 강화 등

◘ 분과회의 : 총 28회(이클레이 8개 어젠다 중심으로 구성)

회의일시		주 제	비 고
4. 9 (목)	13:30~15:00	저배출 개발전략 등 7개	※ DDP 국제회의장 등 7개 회의장에서 동시 개최 ※ 서울시 4~5개 분과회의 참석 우수 정책 소개
	15:45~17:15	에코모빌리티 연합 등 7개	
4.11 (토)	14:00~15:30	녹색성장을 위한 리더십 등 7개	
	16:00~17:45	100% 재생도시 등 7개	

[표 1–7] 2015 서울 ICLEI 세계총회 결과

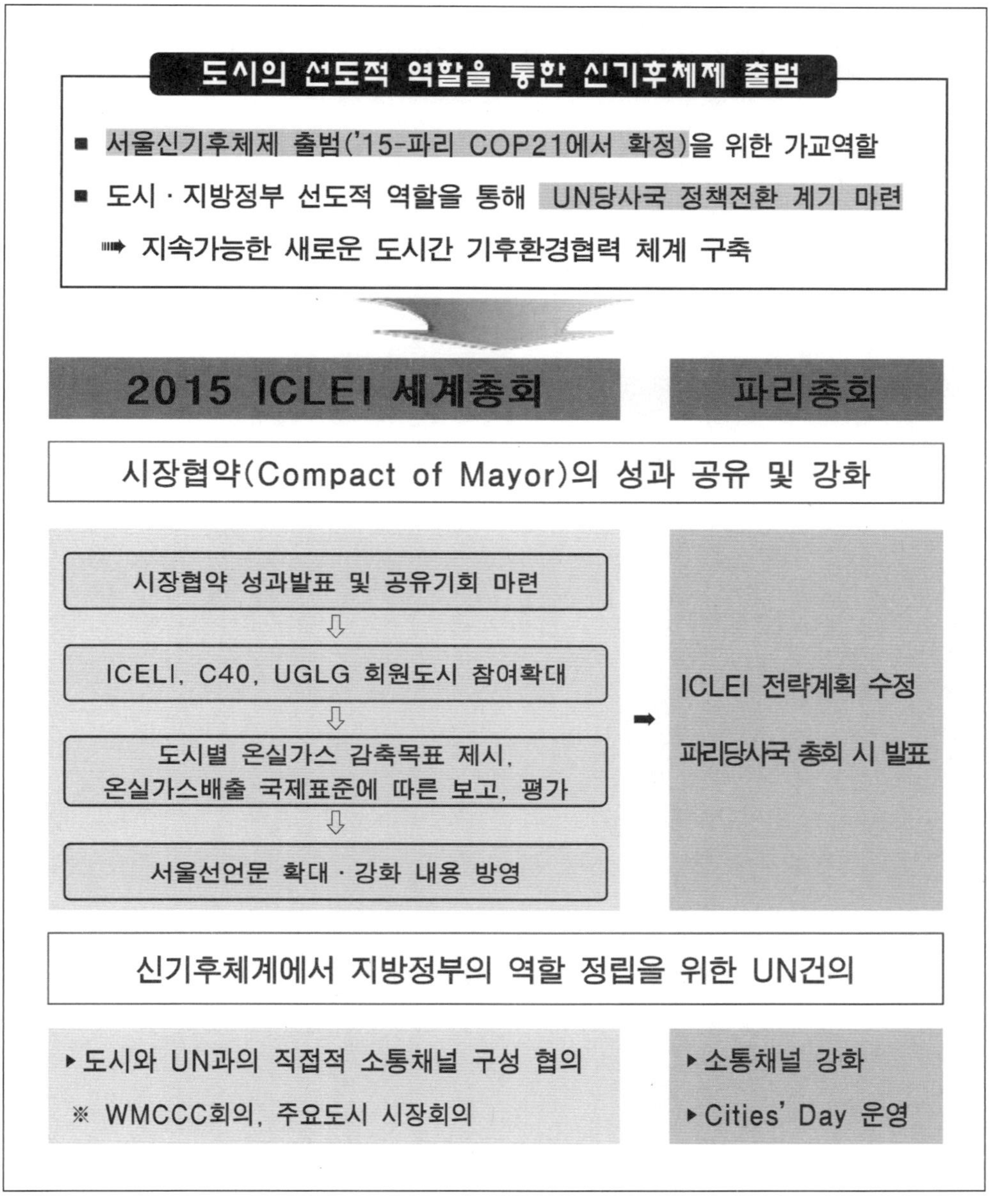

2015 이클레이 세계도시 기후환경총회 서울선언

지역 실천활동으로 만들어가는 지속가능한 도시의 미래

2015년 4월 9일 오늘 이클레이 세계총회를 위해 대한민국의 수도 서울에 집결한 이클레이 회원 지방정부와 도시들은 전 세계 이클레이 파트너들과 함께 다음과 같이 서울선언을 선포한다;

1. 우리가 살고 있는 세계

과거 수십 년에 걸친 사회, 경제, 문화, 정치 및 제도 체계의 결합으로 오늘날 전 지구적으로, 그리고 각자의 지역사회에서 우리는 심각한 생태적 위기에 직면해 있다. 광범위한 지구 생태계의 위기는 오늘날 돌이킬 수 없는 지점에 이르러, 사회적, 경제적 측면에서 지금까지 인류가 이룩한 성과의 무효화는 물론, 지구 행성에서의 인류의 존속 자체가 위협받고 있다.

2. 우리의 비전

도시화가 계속되면서 이러한 위기 극복을 위한 도시의 역할은 이제 결정적인 것이 됐다. 혁신적이며 전환적인 해법을 통한 지속가능한 개발을 통해 도시는, 우리가 의지하고 있고 또한 우리 힘으로 돌보고 있는 지구, 우리가 서비스를 제공하는 사람들, 우리가 살고 있는 장소, 그리고 자치를 위해 우리가 실행하는 정책을 위한 긍정적인 영향력을 발휘하고 있다. 우리가 목표로 하는 전환은 성실함을 강조한다. 또한, 인류의 필요와 자연과의 조화를 추구한다.

3. 우리의 해법

우리는 적극적인 개선 목표 채택, 정책 통합, 지역 주체들의 참여 및 지속가능발전을 위한 장기 전략과 계획에 대한 공공 재정 투입을 통해 지속가능한 도시를 구축해 나갈 것이다. 우리는 지속가능발전 목표를 지역에서, 그리고 전 지구적으로 달성하기 위해서, 탄소를 적게 배출하고, 위기와 재난에 유연하게 대응하며, 생산적 및 효율적으로 자원을 이용하고, 다양한 생물과의 공존을 추구하며, 생태교통을 추구하고, 경제적으로 지속가능하며, 똑똑하고, 행복하며 건강하고 포용적인 도시를 추구해갈 것이다.

4. 우리의 9대 실천활동

4.1. 저탄소 도시와 온실가스 감축

2015 이클레이 세계총회에 참석한 우리 지방정부와 도시는 파리 기후변화협약 당사국 총회(COP21)가, 지구 기온 상승을 2도 이하로 억제할 수 있도록 야심차고 포괄적인 포스트-2020 기후체제 합의를 도출해 낼 수 있기를 강력히 희망한다. 도시는 전 세계 이산화탄소 배출량의 상당 부분을 차지하고 있으며, 그에 따라 국제협약 이행에 효과적으로 기여할 수 있다. 따라서 우리는 각자의 상황에 알맞은 실천계획을 수립하여 지역 온실가스 감축 목표를 이행하는 데 전념할 것이다.

씨포티(C40), 세계지방자치단체연합(UCLG) 및 여러 유엔 파트너들과 함께 우리는 시장협약(Compact of Mayors) 이행을 강화할 것이며, 이를 지방정부의 투명한 기후 행동을 위한 가장 야심찬 글로벌 이니셔티브로 확인한다. 우리는 지방정부 기후로드맵(Local Government Climate Roadmap)을 통해 우리의 전 지구적 기후 대응활동을 계속해서 이어갈 것이다. 또한, 이클레이의 새 이니셔티브인 전환행동 프로그램(Transformative Action Programs)을 통해 지방정부와 도시가 가진 잠재력을 국제무대에 제공할 것이다. 이를 통해 유엔의 새 국제기후체제를 지원할 것이다.

4.2. 회복력 있는 도시

우리는 위기 및 재난에 대한 지방정부의 유연한 대응력을 강화하기 위해 노력할 것이다. 이를 위해 우리는 회복력 및 기후적응을 위한 전 지구적 행동을 조직할 것이다. 또한 카본 기후등록부(cCR)와 시장협약을 통한 기후행동 통합 보고를 강화할 것이다. 우리는 기후변화로 인한 지역민 '퇴거 또는 이주'가 계획적으로 이행될 수 있도록 적극적으로 개입하고 권고할 것이다. 이를 위해 '도시-군소 도서국가 협력' 기반의 기후적응 및 회복력 이니셔티브를 구축할 것이다. 도시 회복력 지표를 개발, 사용하고, 포스트-2015 재난위기경감 체제(post-2015 Framework for Disaster Risk Reduction, 센다이 체제Sendai Framework) 이행을 지원할 것이다.

4.3. 자원 효율적이며 생산적인 도시

우리는 환경, 사회 및 재정 측면에서 가용 자원의 효과적 이용을 추구하고, 자원 추출로 인한 배후지역에 대한 부담과 의존을 줄여갈 것이다. 우리는 도시 지역을 순 생산 체제로 전환하기 위한 방법을 연구하고 시험하며 협력적 노력을 기울일 것이다.

이를 목적으로 도시 차원의 자원 효율성(City-level Resource Efficiency)을 시범도시들에서 이행하고 유엔환경계획(UNEP) 등 국제기구를 참여시킬 것이다. 지속가능한 도시 식량 생산 사업과, 회복력 있는 도시-지역 식량 체계 프로그램을 장려하고, 해당 도시의 특정 자원에 대한 소비를 3년 동안 10% 감축할 것을 목표로 하는 10% 효율성 증진 프로그램(10% Efficiency-Gain Program)을 전개할 것이다.

4.4. 생태교통 도시

우리는 비동력 교통수단, 친환경적 교통수단, 대중교통 등을 모두 통합하는 방식의 도시 설계를 통해 지속가능한 도시 교통 해법 모색에 주력할 것이다. 이를 통해 모든 시민들의 이동 수요를 만족시키고, 더 공평한 도시 공간 이용 노력을 지원할 것이다. 우리는 생태교통연맹(EcoMobility Alliance)을 중심으로 이러한 행동을 확대하고 강화할 것이다.

4.5. 똑똑한 도시

똑똑한 도시(Smart Cities)를 만들기 위해 우리는 도시 시스템과 자본-물리적(예: 에너지, 물, 폐기물, 자동차 배기가스) 자본이든 사회적(예: 사회적, 경제적 통합, 거버넌스, 시민 참여) 자본이든-에 대한 통신 및 지식생산 관련 내용을 분석하고 모니터링할 것이다. 우리는 똑똑한 도시기반시설, 똑똑한 거버넌스, 정보통신기술, 성과 측정, 지표 및 표준화, 지속가능한 건축 및 도시계획에 대한 투자를 장려하고, 지역 재생에너지를 촉진할 것이다. 도시-기업 간 협력 플랫폼을 증진하며 지방정부-기업 간 새 협력 모델을 제도화하기 위해서 세계지속가능발전기업협의회(WBCSD)와 협력할 것이다.

4.6 생물다양성 도시

전 세계적 생물다양성 손실에 대한 시급한 대응의 필요성을 인식하면서 우리는 그 일환으로 도시 생물다양성과 생태계 서비스 의제를 지방정부 계획 및 정책 결정에 통합하고자 한다. 지역 시민들에게 직접적인 혜택을 제공할 지역 생물다양성 행동계획(Biodiversity Action Plan)을 향후 3년 이내에 수립할 것을 장려한다. 현재 위협받고 있는 지역 생물다양성에 초점을 둔 '생물다양성 거점도시(Cities in Biodiversity Hotspots)'의 출범을 장려한다.

4.7 행복하고 건강하며 포용적인 도시

GDP를 넘어 행복, 삶의 질, 건강, 사회통합, 안전, 교육, 문화, 녹색고용 그리고 굿거버넌스를 강조하는 도시 성과 측정 노력을 장려하고자 한다. 우리는 의사 결정 과정에 대한 지역사회의 참여 확대를 위한 기회 제공에 전념할 것이다. 세대 간 이해의 폭을 넓히도록 노력하고, 특히, 인구의 노령화에 대처하기 위해 도시 기반시설의 조정을 포함한 다양한 조치를 추진할 것이다.

4.8 지속가능한 지역경제 및 공공구매

지속가능한 생산과 소비 확대를 위해 우리의 구매력을 활용하여 시장에 대해 영향력을 행사하고, 지속가능한 공공구매를 우리의 구매 표준 관행으로 만들 것이다. 이를 달성하기 위해 환경적, 사회적 비용을 고려하여 공공구매 결정을 내릴 것이다. 혁신적인 청정기술, 친환경디자인 및 사회적 기업 정신을 촉진하고, 지속가능한 경제 개념 및 모델에 대한 투자를 장려한다. 우리는 순환 경제와 자원 소비가 분리된 경제 성장을 목표로 할 것이다. 도시의 지속가능한 생산과 소비를 위해 지속가능한 공공구매 세계도시 네트워크를 구성하고 도시 간 교류 협력을 강화할 것이다.

4.9 지속가능한 도시-지역 협력

우리는 지방정부 내 참여적/ 통합적 시스템의 이행을 장려하고, 도시와 주변지역의 연속성을 존중하고 보장하며, 지방-중앙 정책의 수직적 통합 강화 지원 및 국가 차원의 공약 지원에 힘쓸 것이다.

5. 우리의 약속

우리는 지속가능한 도시를 만들기 위해 혁신적인 해법을 제공하고 이의 신속한 확대 및 이행을 지원하며, 전 세계 지방정부들과 이를 공유할 것이다. 시민운동을 통해 우리의 정치적 약속을 강화하고, 생활수준 향상을 위해 노력할 것이다. 우리는 최고 수준의 거버넌스 및 지속가능성 표준을 따르고, 그 성과를 지역, 국가 및 국제사회에 보고함으로써 과정의 투명성과 책임성을 확보할 것이다.

6. 우리의 파트너십

시장, 장관, 경영인, 시민 그 누구도 지금의 생태 위기를 혼자 힘으로 극복할 수는 없다. 따라서 우리는 세계도시캠페인(World Urban Campaign), 포스트-2015 발전 의제 및 3차 유엔인간정주회의를 위한 지방정부 글로벌 특별팀 (Global Task Force of Local and Regional Governments in Post 2015 Development Agenda Towards HABITAT III) 등과의 효과적인 파트너십, 그리고 기업과 시민을 포함해 전 세계의 의욕적이고 혁신적인 다양한 이해당사자들과의 협력을 토대로 우리의 성과가 확산될 수 있도록 노력할 것이다.

7. 우리의 원칙

이러한 지방행동을 추진함에 있어 우리는 지구 헌장(Earth Charter), 도시에 대한 권리 세계 헌장(World Charter of the Right to the City), 도시 연계(Urban NEXUS) 전략 등을 지침으로 할 것이다. 유엔 지속가능발전 목표, 특히 지속가능발전 도시 목표를 보완하여 지속가능한 도시를 구축해갈 것이다. 이를 통해 우리는 다음의 내용을 지속적으로 추진할 것이다;

1. 지속가능발전에 대한 인식을 제고하고, 다양한 이해당사자들을 위한 인식 증진 프로그램을 개발하며, 그 성과를 공유한다.
2. 지속가능한 도시에 대한 다양한 경험과 비전을 공유하고, 인적 자원을 육성할 수 있도록 도시 간 인적 교류 프로그램에 적극 참여한다.
3. 경제 발전 단계와 무관하게 지역공동체의 활력과 건강, 평화, 안전, 교육, 문화 및 바람직한 거버넌스를 증진하고, 참여적 거버넌스를 통해 지속가능한 계획을 책임 있게 수립하고 이행한다.
4. 경제적, 사회적, 문화적 및 환경적 측면을 두루 고려한 발전이야말로 전 세계 모든 지방정부와 지역사회가 가장 우선적으로 추구해야 할 핵심 과제임을 상기하면서, 북반부-북반구, 북반구-남반구, 그리고 남반구-남반구 사이의 파트너십을 통해 우리의 연대를 발휘한다.

2015. 4. 9

기후변화 대응을 위한 서울의 약속

지구는 그 어느 때보다 빠른 속도로 더워지고 있다. 폭염, 폭우, 가뭄 등 기상이변에 따른 자연재해 때문에 수많은 인명과 재산의 피해가 발생하고 있다. 기상이변은 인간이 야기한 기후변화가 주된 원인이다. 기후변화에 대응하기 위해서는 지구온난화 원인물질인 온실가스를 감축하는 것이 무엇보다 중요하다. 물론 이러한 완화 대책만으로는 기후변화에 대응하는 데 한계가 있으므로 기후변화의 피해를 줄이는 한편 이를 유익한 기회로 활용하기 위한 적응 대책도 함께 요구된다.

기후변화 위기 극복은 국가적 과제이지만 구체적인 실천 영역에서는 도시의 역할이 강조되고 있다. 세계 모든 도시가 기후변화에 대응하여 개발 위주의 정책에서 환경 가치와 에너지 절약을 중시하는 저탄소 도시로 방향 전환이 필요한 시점이다. 이미 서울은 원전하나 줄이기 사업을 통해 온실가스를 감축하여 지속가능한 도시 발전의 가능성을 전 세계에 보여주고 있다.

2020년 이후 신 기후체제에 대비하여 서울은 기후변화에 대응하는 세계적인 모범도시로 거듭나고자 한다. 또한 서울은 지역적 특성을 반영한 맞춤형 기후변화 적응 대책을 수립하여 회복력 있는 지속가능한 도시를 조성해나가고자 한다.

2015년 4월 이클레이 세계총회 개최에 즈음하여 세계 도시들이 기후변화 대응에 동참할 것을 요청하면서, 기후변화 대응을 위한 서울의 비전과 천만 시민의 실천의지를 담은 '기후변화대응을 위한 서울의 약속'을 전 세계 인류 앞에 선포하고자 한다.

시민, 기업, 서울시의 실천의지를 담은 11가지 약속을 다음과 같이 밝힌다.

1. 서울은 이산화탄소 배출량을 2005년 대비 2020년까지 25%를 줄이고, 2030년까지 40%를 줄여 저탄소 에너지 고효율 도시를 실현한다.
2. 기후변화 취약 계층인 사회적 약자에 대한 에너지 나눔을 실천하여 에너지복지 도시를 구현한다.
3. 온실가스 배출원과 대기오염물질 배출원의 통합관리를 실천하여, 서울시를 기후변화대응 모범도시로 만든다.
4. 기후변화에 강한 회복력 있는 도시를 만든다.

5. 재사용, 재활용을 늘리고 음식물 쓰레기를 줄여 온실가스 배출을 저감한다.
6. 물 낭비를 줄이고 빗물을 가두고 활용하여 온실가스 배출을 저감한다.
7. 다양한 생물이 어우러져 사는 생태도시를 만들어 기후변화 적응성을 높인다.
8. 함께하는 생활 속 도시농업으로 에너지를 절감한다.
9. 폭염, 감염병 등 건강위험 요인을 예방하고 기후변화 적응 역량을 키워 건강한 도시를 만든다.
10. 기상재해에 대한 예방과 대응 역량을 키워 안전한 도시를 만든다.
11. 기후변화 대응을 위해 국내외 공동협력과 이행체계 구축에 앞장선다.

2015년 4월 10일

CHAPTER 2

서울시의 기후변화 완화정책

2.1 기후변화 현황 및 전망

서울시는 1945년 광복이후 한국전쟁을 지나서 세계적 규모의 대도시로 성장하면서 1970년이후 도시화가 급격하게 진행됨에 따라 지구온난화에 따른 기온상승 외에도 도시화로 의한 기온상승을 함께 겪고 있다. 지난 104년간(1911-2014) 서울시의 연평균 기온은 11.7℃, 연평균 일 최고 기온은 16.7℃, 연평균 일 최저기온은 7.4℃였다.

특이한 점은 최근 15년(2000~2014년)간 연평균 기온을 분석해보면 서울 연평균 기온은 12.7℃, 연평균 일 최고기온은 17.1℃, 연평균 일 최저기온은 9.0℃로 더 큰 폭으로 증가하였다. 여름철의 경우 야간에도 기온이 낮아지지 않아 낮 동안 더위에 지친 사람들의 밤잠을 설치게 하는 열대야 일수(일 최저기온이 25℃이상인 날의 수)도 점차 증가해서 서울시의 열대야 일수 분포를 보면 1960년대 이전까지는 연평균 2일 내외이던 것이 1961년부터 1990년까지는 평균 4.4일로 2배 이상 늘었다가 1991년 이후부터는 평균 9.4일로 급격히 늘어났다.

IPCC 5차 보고서에서 제시한 온실가스 감축노력을 한 RCP(Representative Concentration Pathways) 4.5[2] 시나리오에 의하면 서울은 21세기 후반에는 열대야일

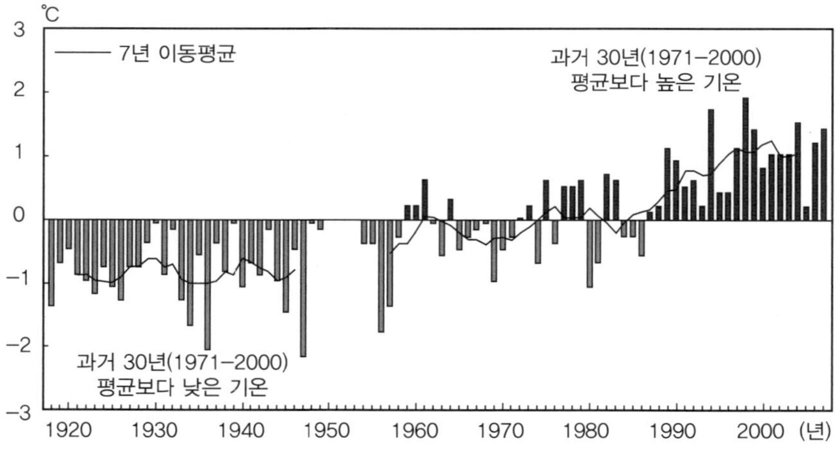

[그림 2-1] 서울시의 기온 변화

2 RCP 4.5 : 기후변화 완화를 위한 온실가스 저감 정책이 상당히 실현되어 2100년 이산화탄소 농도가 540ppm 정도일 것으로 전망

수가 연평균 20일 이상 발생할 것으로 전망되며, 온실가스를 현 추세와 같이 배출할 경우의 RCP 8.52 시나리오에 의하면 연평균 48일 이상 발생할 것으로 전망된다(기상청, 2012).

시기별로 나누어보면 2040년까지는 RCP 4.5 시나리오의 경우 현재보다 5.4일 더 증가할 전망이고 RCP 8.5[3]의 경우에는 9.7일 증가할 전망이며, 21세기 중 · 후반기에는 증가율이 더 가속화 될 전망한다(기상청, 2012).

서울시 폭염일수(일 최고 기온이 33℃ 이상인 날의 연중 일수)는 지난 104년간 연평균 8.3일이었는데 서울시가 가장 더웠던 1994년 7~8월에는 30℃가 넘는 날이 36일이었고, 그 중 15일은 35℃를 넘었다. 특히, 7월 12일부터 8월 16일까지는 3일을 빼고는 매일 32℃ 이상이었으며, 연속으로 38℃ 이상인 날도 2일이나 있었다.

그중 특이한 현상으로 어려움을 겪었던 2011년의 경우, 서울에서 블랙아웃이 발생했던 때에도 30℃가 넘는 날이 6~8월까지 41일 이었으며, 8월 1일부터 7일까지는 연속으로 35℃ 이상이었다. 미래 기후 전망 시나리오인 RCP 4.5 시나리오에 의하면 서울시 폭염일수는 21세기 후반이 되면 현재보다 2배 이상 많아져 연간 16일 이상 발생할 것으로 전망되며, RCP 8.5 시나리오에 의하면 연간 53일 이상 발생할 것으로 전망된다(기상청, 2012).

서울시의 지난 50년간(1961–2010) 연평균 강수량은 1,417.4mm이지만 2000년대에는 연강수량이 1,548.4mm이며, 2010년과 2011년에는 2,000mm 이상 내리는 등 연도별로 변동폭은 큰 편이지만 점차 증가하는 경향을 나타낸다. (서울시, 2014)

RCP 4.5 시나리오에 의한 전망값을 보면 서울시는 21세기 후반에는 강수량이 증가하여 연평균 1600mm 이상으로 전망되고 있으며, 그러나 RCP 8.5 시나리오에 의하면 오히려 21세기 중반에는 증가율이 크지만 21세기 후반에는 연평균 강수량이 약간 감소하여 RCP 4.5보다 작을 것으로 전망되는 등 강수량은 변동폭이 클 것으로 전망된다.(기상청, 2012)

서울 지역의 과거 50년간(1961–2010) 일 강수량 80mm 이상인 호우일수는 2.96일이며, 지속적인 증가추세를 보인다. 1995년에 80mm이상 호우일수가 9회로 가장 많았으며, 1998년, 2009년, 2010년에도 80mm 이상 호우일수가 6회 이상 발생하는 등 후반기

---

3 RCP 8.5 : 기후변화 완화를 위한 온실가스 저감 노력없이 현재 추세대로 온실가스가 계속 배출되어 2100년 이산화탄소 농도가 940ppm에 도달할 것으로 전망

에 많이 분포된다.(서울시, 2014)

RCP 4.5 시나리오에 의한 호우일수의 전망값을 보면 서울지역은 21세기 후반 연평균 6.6.일로 현재에 비해 2배 정도 증가될 것으로 예상되며 RCP 8.5 시나리오에 의해서도 6.3일로 비슷하게 전망된다(기상청, 2012).

2.2 온실가스 배출 현황

서울시의 2012년 온실가스 배출 총량은 48,551천톤 CO_2이며 1990년부터 2012년까지 증가율을 보면 90년대에 비해 2000년대에는 연평균 증가율은 감소추세를 보인다.

'90~'97년 1.9% ⇒ '98~'12년 0.4%(△1.5%p)

[표 2-1] 서울시 온실가스 총배출량

(단위 : 천톤CO_2)

1990년	2000년	2005년	2008년	2009년	2010년	2011년	2012년	'90년 대비 '12년 증가량
44,983	48,336	49,467	50,383	49,111	49,751	49,008	48,551	3,568(7.9%)

※ 서울시는 전국 온실가스 배출량(654,700천톤CO_2)의 7.5% 차지('11년 기준)

온실가스 배출 현황을 부문별로 보면 서울시는 에너지 부문이 91.4%로 가장 많고, 그 외 폐기물부문이 5.6%, 산업공정 2.9% 정도를 차지하고 있다. 에너지 소비부문 중에서는 건물이 72.3%, 수송이 21.1%로 93%이상이 건물과 수송에서 차지하고 있다.

온실가스 배출과 밀접한 관련을 가지고 있는 에너지 소비 유형을 보면, 직접배출원인 석유 · 석탄계에 의존하던 에너지 사용 패턴이 간접배출원인 전력이나 열로 변화되는 추세를 보인다.

따라서 총 배출량에서 직접배출량이 차지하는 비율은 지속적으로 감소하는 추세이고 간접배출량(전력 · 열)의 비율은 증가하고 있다. 1990년 직접배출량 85.7%, 간접배출량 14.3% =〉 2012년 직접배출량 53.4%, 간접배출량 46.6%으로 나타났다.

특히, 온실가스 배출이 많은 건물부문 가정, 서비스업의 간접배출을 보면, 1990년에

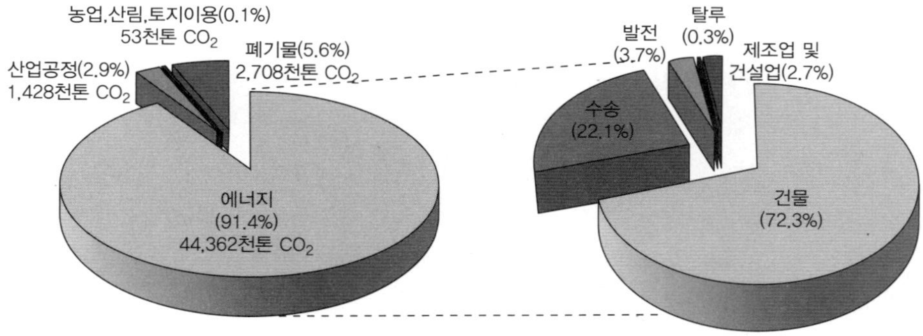

[그림 2-2] 서울시 온실가스 배출 현황

는 약 5,600천톤CO_2에서 2012년에는 19,000천톤CO_2으로 3.5배 이상 증가하였고 냉난방용 전력 및 열 수요 감소 등으로 전년 대비 가정 및 상업부문 배출량 감소(감소분 504천톤CO_2, −1.6%) 하는 경향이다. 대중교통 수송분담률 지속 증가 및 전년 대비 차량등록대수 감소 등으로 수송부문 배출량 감소(감소분 130천톤CO_2, −1.3%)하는 추세이다 즉 버스 · 지하철 · 철도의 수송분담률 : '11년 65.1% → '12년 65.6% 로 나타난다. 대중교통의 부담률의 지속적 증가는 기후변화대응의 우수사례이며 서울은 대중교통의 편리성이 담보되는 세계인 모범도시로 인정받고 있다.

2.3 기후변화 완화정책 개요

세계 기후환경 수도 서울이라는 비전을 가지고 시민들과 함께 만들고 시민들이 체감할 수 있는 지속가능한 환경 정책들을 추진하고 있다.

막대한 화석연료 소비로 인한 에너지 자원의 고갈과 온실가스 배출에 의한 지구온난화에 적극적으로 대처하기 위하여 2007년 4월 에너지 절약과 이용 효율화, 신재생에너지 확대 및 기후변화 적극 대응을 주요 내용으로 하는『서울 친환경에너지 선언』을 발표하였다. 친환경에너지 선언은 에너지 자립도를 높이고 CO_2 배출량을 감소시키기 위한 강력한 의지의 표명했다.

서울시는 온실가스 배출량의 대부분을 차지하고 있는 건물 부문에서 에너지 절약과 이용 효율화 시책을 강력히 추진하고, 교통 부문에서는 승용차 수요관리와 온실가스 배출이 적은 연료 대책 등을 병행하여 온실가스 배출량을 감축하는데 방향을 설정하고 있다.

서울시는 2007년 친환경에너지 선언 이후, 친환경에너지 기본계획 수립, 친환경에너지 건축기준 마련, 기후변화기금 조성, 기후변화 대응을 고려한 뉴타운 건설, 대중교통 이용 활성화 방안 수립, 원전하나 줄이기 등과 같은 다양한 정책을 수립하고 이행 중에 있으며 2020년 목표달성을 위하여 지속적으로 기존 정책을 관리하고 신규 정책을 발굴하고 있다.

서울시는 에너지 사용에 의한 온실가스 발생의 72.3%를 차지하는 건물 분야의 친환경성 확보와 에너지 절약을 기후변화 대응을 위한 서울시 차원의 최우선 과제로 선정하고 이를 실행하고자 서울 친환경 건축기준을 2007년 8월 제정하였다. 서울 친환경 건축기준은 공공 · 민간, 신축 · 기존 건축물별로 친환경, 에너지 절약형 설계 및 유지 · 관리에 관한 지침으로 구성되어 있다.

서울 친환경 건축기준이 시행되면서 신축건물은 최소 20%, 기존 건물은 최소 10%의 에너지 절약과 온실가스 감축이 가능할 것이고 특히, 공공 건축물에 대해서는 동 기준의 적용을 의무화하고, 민간 건축물은 적극적으로 기준 적용을 유도하므로 건물부문에서 지속적인 온실가스 감축 효과가 클 것으로 기대된다.

C40 기후리더십 그룹의 회원국이며, C40 제 3차 정상회의의 주최 도시인 서울시는 글로벌 위상을 높이고 시민들의 삶의 질 향상을 위한 기후변화 대응 정책을 추진하기 위해 2008년 4월 기후변화 대응 종합계획을 수립하였다.

기후변화의 영향은 여러 분야에 걸쳐 다양하고 서로 유기적으로 연관되어 있으므로 SOS(Save Our Seoul) 프로젝트를 통해서 여러 실 · 국에서 그동안 자체적으로 추진해 온 기후변화 대응 정책을 종합적이고 체계적으로 정리하여 기후변화대응 정책이 기초를 제공하였다.

기후변화에 적극적으로 대응하기 위한 다양한 노력의 결과 서울시는 온실가스 인벤토리를 통한 체계적인 온실가스 감축 정책을 추진하면서 저탄소 사회를 구현하기 위한 기반을 마련하였다. 사회가 발전하면서 에너지 소비는 늘어나지만 에너지 자립률은 낮은 서울시는 세계 기후 환경 수도가 되기 위해 시민과 함께 만들고 참여로 실행하는 지속가능한 기후변화 대응 정책을 만들고자 하며, 이를 위해 원전하나줄이기등 적극적인 온실가스 감축 정책과 신재생에너지 확대 정책을 바탕으로 친환경 에너지 자립율을 향상시키고 기후변화로 인한 피해를 최소화하면서도 도시 구조적으로 기후 회복력을 갖출 수 있도록 하였다.

또한 서울이 세계적인 기후 · 환경 친화적 도시로 위상이 정립되고, 도시브랜드 가치를 통해 경쟁력을 높일 수 있도록 국제사회에서 기후변화 대응을 선도 ICLEI, C40 등 해외도시와의 국제적 협력과 공조 기반으로 『ICLEI 세계도시 기후환경 총회』에서 서울의 비전, 천만시민의 실천의지 담은 『기후변화대응, 서울시 · 서울시민의 약속(선언)』 발표한바 있다.

온실가스 인벤토리 구축 결과에 의하면 서울시는 온실가스 배출량의 91.4%가 에너지 소비에서 비롯되고 있으므로 에너지 사용량을 줄이고, 에너지 효율을 향상시키는 것 외에 신재생에너지 개발 및 확대보급 등을 추진하고 있다 또한 단기적으로는 소비되는 에너지 유형을 온실가스가 직접 배출되는 석탄 · 석유계에서 간접적으로 배출되는 전력, 열 등으로 전환하고 있다.

서울시의 에너지원별 소비특성의 시계열 변화를 보면 석탄류는 1996년까지 급격히 소비가 감소하기 시작하였는데 이는 가정시설에서 연료로 사용되던 연탄(무연탄)의 소비가 감소했기 때문임. 석유는 1996년까지 증가했다가 그 이후로 감소하는 추세이며, LNG와 전력은 꾸준히 큰 폭으로 소비량이 증가하는 추세이다.

서울시에서 소비하는 에너지원은 석유류, 석탄류, LNG, 전력으로 나눌 수 있으며, 에너지를 소비하는 세부 유형별로는 건물(가정 · 상업 · 공공시설 등)과 각종 이동수단을 포함한 수송, 대단지의 난방용 열 공급원인 집단에너지를 포함하는 에너지산업부문, 제조업 및 농축산 시설을 포함한 기타로 구분된다.

에너지 소비와 환경부문을 모두 고려한 서울시 온실가스 배출량(2012)은 총 48,551

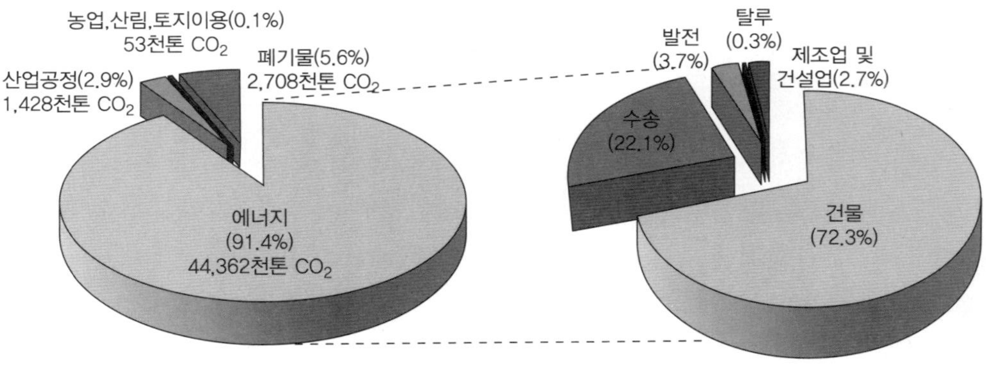

[그림 2-3] 부문별 온실가스 배출량 및 에너지 부문의 온실가스 배출량

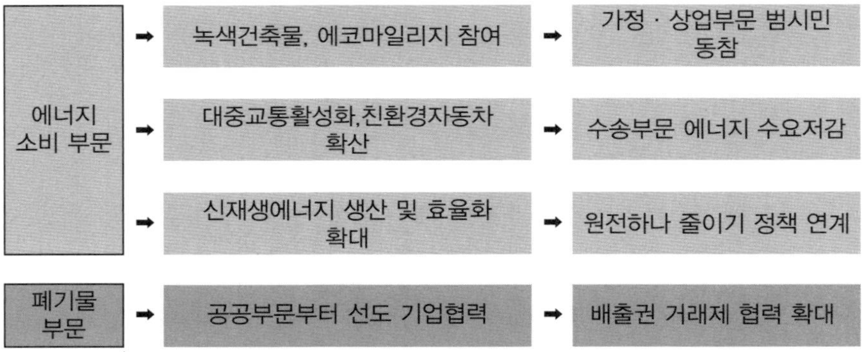

[그림 2-4] 서울시 온실가스 감축 추진전략

천tonCO_2인데 대부분이 에너지 소비에 의해 발생한다. 총 온실가스 배출량의 91.4%를 차지하고 있는 에너지 부문의 세부 유형별 온실가스 배출량을 보면 건물에서 배출되는 것이 33,078천tonCO_2(72.3%)로 가장 많고 수송부문이 9,647천tonCO_2(22.1%)로 대부분 건물과 수송에서 발생한다. 에너지 부문을 제외하고 온실가스 배출이 많은 것은 폐기물 부문으로 2,708천tonCO_2(5.6%)를 발생시키고 있으며, 그 외 산업 공정이 2.9%를 차지한다.

따라서 서울시는 다양한 온실가스 감축 정책을 추진하면서 온실가스 배출량이 많은 에너지 부문의 건물과 수송 분야는 온실가스 감축 강화 정책을 추진하고 에너지 외 부문 중 폐기물 분야에 대해서도 온실가스 감축 정책을 활발하게 추진 중이며 또한 친환경 에너지 자립율을 높이기 위한 신재생에너지 확대 정책도 적극적으로 추진하고 있다.

2.4 건물 부문의 온실가스 감축 강화 정책

에너지 부문에서 온실가스 배출량의 72% 이상을 차지하고 있는 건물은 가정, 상업, 공공시설로 세분화 할 수 있다. 서울시는 605.2㎢의 좁은 면적에 천만이 넘는 인구가 밀집되어 생활하기 때문에 고층화되고 고밀화된 가정(41.6%)이나 상업 시설(52.3%)에서 많은 양의 에너지가 소비되고 이는 온실가스 배출의 주범이 된다. 특히, 온실가스 직접 배출원에 해당하는 석탄류 에너지원이 소비되는 곳은 건물부문의 가정 · 상업시설이 유일한데, 1990년대 이후 가정시설에서 연료로 사용되던 연탄(무연탄) 소비의 급격한 감

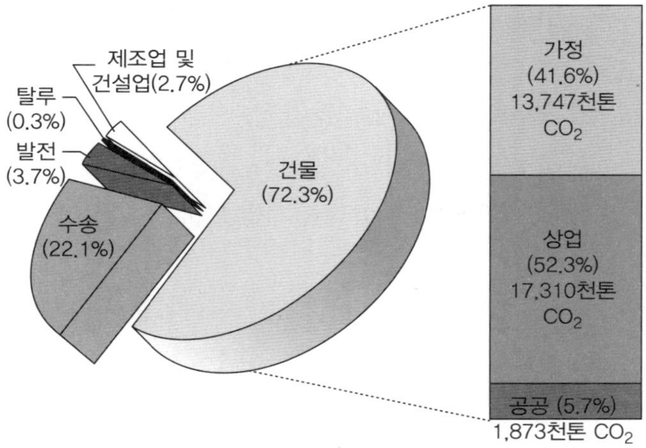

[그림 2-5] 건물부문의 세부 유형별 온실가스 배출비율(2012년)

소로 석탄 소비량이 크게 감소하였다.

서울시의 건물 부문에서의 에너지 소비패턴은 기존의 석유 · 석탄계에서 LNG, 전력으로의 사용 비중이 높아짐에 따라 전반적으로 소비부문의 직접 배출량이 감소하고 간접 배출량은 증가하는 추세이다. 연료사용에 따른 온실가스 배출량 비율이 높은 화석연료의 사용은 감소하고 상대적으로 온실가스 배출량 비율이 낮은 LNG 및 전력의 사용량이 증가하고 있음에도 불구하고 건물부문의 온실가스 배출량이 증가하는 것은 에너지 소비량 자체가 증가하고 있음을 의미한다. 따라서 건물 부문에서 에너지 소비량을 감축시키고 신재생에너지를 확대 보급하는 것이 우선적으로 시급하다.

서울시에서는 건물 부문의 에너지 자립율을 높이고 온실가스 배출량을 감축시키기 위하여 도시디자인 차원에서 실질적으로 에너지 효율적인 저소비형 사회가 될 수 있도록 신축 건물을 규제하고 기존 건물에 대해서는 에너지 효율을 높일 수 있도록 다양한 지원을 통해 정책 유도를 하고 있다.

서울시가 신축 건물부문의 온실가스를 줄이기 위한 제도적 장치로 추진해 온 건축 기준을 보면 「서울 친환경 · 에너지 건축물 설계 기준」(2007.8), 「저탄소 그린에너지 건축물 설계 기준」(2009.3), 「그린디자인 서울 건축물 설계 기준」(2010.2)이 있다

이후 연면적 합계 3천㎡ 이상 신축 업무시설과 100세대 이상 신축 공동주택에 대해 「건축물 에너지소비 총량제」(2011.7)를 시행하고 신축 건물에 대해 에너지 이용 효율 및 신재생에너지의 사용비율이 높고 온실가스 배출을 최소화하는 건축물을 설계 · 시공하

기 위해「서울시 녹색건축물 설계 기준」을 제정(2012.2)하여 시행한다.

기존 건물에 대해서는 에너지 효율을 높이기 위한 건물에너지 합리화사업(BRP: Building Retrofit Project) 을 집중적으로 추진하고 있는데 이는 2007년 5월 뉴욕에서 열린 C40 제2차 기후정상회의에 참석한 17개 도시 시장들과 클린턴재단(CCI), 은행, 에너지절약기업(ESCO)간에 건물에너지 합리화 사업(BRP)을 활성화하기로 합의한 이후 지속적으로 추진한 바 있다.

건물에너지 합리화사업의 일환으로 기존 백열등이나 형광등에 비해 약 40% 이상 효율이 높고 수명이 5배 이상 긴 LED 조명을 교체 · 확산하는 정책을 추진하고 있음. 특히, 장시간 조명을 사용하는 공동주택 지하주차장이나 간판 등은 일반조명을 LED 조명으로 바꿈으로써 에너지 절약 효과 뿐 아니라 온실가스 감축 효과도 얻을 수 있다.

2012년에는 에너지 전문기업(ESCO) 3개 업체를 선정해 학교, 교회 등 112개 소규모 건물에 에너지 진단 서비스를 제공했으며, 단독주택이나 공동 주택 등 가정에도 에너지 클리닉 서비스를 제공. 저소득층은 난방비 부담을 줄여주기 위한 단열 보강 집수리 사업을 추진하고 있다.

2.4.1 신축 건물의 온실가스 감축 및 신재생에너지 확대 정책

서울의 주요 온실가스 배출원인인 건물 분야의 친환경성 확보와 에너지 사용량의 절감을 위해 건물의 신축과 유지 · 관리 및 도시개발사업 등 설계 단계부터 에너지 절약 및 친환경설계 요소를 포함한 건축 기준 제정이 요구된다. 2013년 2월「녹색건축물조성지원법」을 제정됨에 따라하고 서울시는 기존에 있던 '건축물의 에너지절약 설계기준'을 강화하고 '에너지효율등급인증제'를 확대 시행하며, '녹색건축물 인증제'를 시행함으로써 건축물 에너지 수요를 감축시키고 녹색건축물을 활성화한다. 이에 더해 파리협정에 발맞추어 핵심적으로 녹색건축물을 활성화한다. 이를 위해 자급자족형 '제로에너지 건축' 시범사업을 기존 공공건축물에서 민간 건축물로 확대, 서울시 로드맵인 2023년 제로에너지 건축의무화'를 조기 활성화 할 계획이다.

녹색건축물 활성화의 궁극적 목표는 최소한의 냉난방으로 적절한 실내온도를 유지할 수 있으며 기밀성과 단열성을 강화하여 난방에너지를 90%이상 절감하는 건축물(Passive House)이나 더 나아가서는 이런 패시브하우스에서 부족한 부분을 태양열, 태양광, 풍력, 지열 등의 신재생에너지를 사용하여 자급자족 할 수 있는 건축물을 통해 점

[표 2-2] 서울시 녹색건축물 설계 기준

<table>
<tr><th>분야</th><th colspan="3">구 분</th><th>법적기준</th><th>서울시 녹색설계 기준</th></tr>
<tr><td rowspan="2">건축물 에너지 소비총량제</td><td colspan="3">주거용 (100세대이상 공동주택)</td><td>없음</td><td>190 kwh/㎡ · y 미만</td></tr>
<tr><td colspan="3">주거용이외건축물 (연면적 3000㎡이상 업무시설)</td><td>자율</td><td>280 kwh/㎡ · y 미만</td></tr>
<tr><td rowspan="3">성능인증</td><td colspan="3">건축물에너지효율등급 인증</td><td>자율</td><td>2등급 이상</td></tr>
<tr><td colspan="3">녹색건축물 인증</td><td>자율</td><td>우수(그린2등급) 이상</td></tr>
<tr><td colspan="3">에너지성능지표 평점 합계(EPI)</td><td>65점 이상</td><td>86점 이상
※ 설비별 보상점수 가점 허용</td></tr>
<tr><td rowspan="10">절감기술</td><td rowspan="4">단열 성능 (평균 열관류율)</td><td rowspan="2">외벽 (창 및 문 포함)</td><td>주거 (공동주택 등)</td><td>0.66W/㎡ · K 미만</td><td>0.46W/㎡ · K 미만</td></tr>
<tr><td>비주거 (일반건축물 등)</td><td>1.18W/㎡ · K 미만</td><td>0.79W/㎡ · K 미만</td></tr>
<tr><td colspan="2">지붕</td><td>0.18W/㎡ · K 미만</td><td>0.14W/㎡ · K 미만</td></tr>
<tr><td colspan="2">바닥</td><td>0.29W/㎡ · K 미만</td><td>0.20W/㎡ · K 미만</td></tr>
<tr><td colspan="3">문 및 창호의 기밀성 확보</td><td>자율</td><td>2등급 이상</td></tr>
<tr><td colspan="2" rowspan="2">창 면적 비율제한</td><td>주거용 (공동주택 등)</td><td rowspan="2">없음</td><td>벽면율 50% 이상</td></tr>
<tr><td>비주거용 (일반건축물)</td><td>벽면율 40% 이상</td></tr>
<tr><td colspan="2" rowspan="2">LED 조명기기 전력량 비율</td><td>주거용 (공동주택 등)</td><td>자율</td><td>전체 조명설비 전력량의 5% 이상</td></tr>
<tr><td>비주거용 (일반건축물)</td><td>자율</td><td>전체 조명설비 전력량의 10% 이상</td></tr>
<tr><td colspan="3">고효율 변압기 설치</td><td>자율</td><td>용도별 기준부하율 적용</td></tr>
<tr><td rowspan="2">신 · 재생 에너지설비</td><td colspan="3">주거용(공동주택 등)</td><td rowspan="2">없음</td><td>신재생에너지공급율 1% 이상</td></tr>
<tr><td colspan="3">비주거용(일반건축물)</td><td>신재생에너지공급율 5% 이상</td></tr>
</table>

차적으로 에너지 수요를 감축시키려는 것이다. 서울시는 에너지 및 자원의 환경 친화적 이용을 유도하고 녹색건축물 활성화를 위해 서울시에서 건설하는 공공건축물에 대해서는 건축계획, 설계 및 시공, 유지관리 등 전 과정에 걸쳐 녹색건축물 조성을 위한 가이드라인을 반영한다.

민간건축물에 대해서는 신축건축물의 취득세 감면, 건축물의 재산세 감면, 녹색건축(친환경건축물)인증 비용 지원, 환경개선부담금 경감, 녹색건축물 활성화대상 완화기준 적용(용적율, 높이, 조경면적)등의 인센티브를 제공함으로써 자발적으로 녹색건축물을 건설을 유도하고 있다. 이를 통해 2007년부터 서울시는 총 351개의 신축건물에 대해 건축심의를 거쳐 약 360만 TOE의 에너지 절감 효과를 얻었으며, 대략 97만톤 CO_2의 온실가스 배출량 감축 효과가 있었을 것으로 추산된다.

서울시 공공건축물 건설심의 기준

- 건축부문
  - 연면적 3,000㎡이상 신축 및 증축, 리모델링은 녹색건축 인증 최우수(그린1등급) 취득하고 전면 개 · 보수일 경우 녹색건축 인증 우수(그린2등급) 취득
- 기계부문
  - 공공건축물에 대해 실내온도는 난방의 경우 20℃, 냉방의 경우 28℃를 기준으로 하되 각 건축물 용도 및 개별 실의 특성에 따라 고시에서 제시된 범위를 참고한 설비 용량으로 산정하고 이산화탄소 배출 저감을 위한 지역냉온수를 열원으로 이용
  - 자원 의존형(화석연료)에서 저탄소, 저에너지와 기술 의존형(신 · 재생에너지) 이용설비
  - 빗물, 지하 유출수, 중수도시설 이용 설비에 의한 시수 절감계획 수립하고 건물 지하 유출수는 하수로 직배수하지 않고 청소용수, 화장실용수, 조경용수 등으로 활용
  - 자연환기 등 자연에너지 이용 계획 및 배열 이용과 친환경 고효율 기자재 사용계획 수립
- 에너지부문
  - 연면적 합계 500㎡이상의 건축물은 에너지 절약 계획서 제출 공공건축물 에너지 절약 평가기준은 서울시 친환경건축물 등급에 따른 건축물 에너지 효율 등급과 녹색건축인증 등급을 모두 충족
  - 공공건축물을 전면 개보수 등을 할 경우 특별한 경우를 제외하고는 건축물 에너지 효율 2등급과 녹색건축 우수(그린2등급) 등급을 충족하는 Ⅲ(Silver)이상

- 건축분야의 단열성능을 강화하고 신재생에너지설비는 현장 여건에 따른 설치 가능면적과 발전효율 등을 고려하여 최적의 효율을 얻을 수 있도록 설계 · 시공
- 전기부문
- 신축 · 증축 또는 개축하는 공공건축물은 공공기관 에너지합리화 추진에 관한 규정 제11조에 따라 LED 조명을 30%이상 설치
- 지하주차장 등 24시간 조명이 필요한 장소 및 실내조명을 위한 백열전구, 할로겐램프, 비상 유도등, 다운라이트 등은 우선적으로 고효율인증제품인 LED 조명을 설치
- 토목부문
- 대지 내 빗물관리를 위해 도로나 녹지공간을 빗물이 모일 수 있는 오목형으로 조성
- 투수성포장에 의한 빗물부하 저감 및 토양 생태계유지를 위한 환경친화형 포장재료 이용
- 조경부문
- 옥상녹화 계획에 의한 생태환경 도입 및 이용자 쾌적성 증가 도모
- 생태환경을 고려한 벽면녹화, 담장녹화, 옹벽녹화 기법 적용
- 빗물을 잠시 저류 가능한 빗물정원(RAIN GARDEN)을 설치 및 생태연못 조성(수생, 육생 비오톱 조성) 권장
- 식생 연계된 휴게공간 조성
- 조경지반계획 시 미기후를 고려한 설계
- 빗물이 모일 수 있도록 녹지 내 보도나 보행자도로 등의 표고를 높임
- 유지관리부문
- 공공건축물 에너지 소비량을 모니터링 할 수 있는 공공건축물에너지 관리 시스템(BEMS : Building Energy Management System) 구축
- 건축물의 효율적인 유지관리를 위한 시설유지관리 시스템(FMS) 적용 권장

■ 녹색건축물 기준 적용 사례 ; 서울시 신청사 건축

서울시 신청사는 서울 친환경 건축 기준을 적용한 국내 최대 규모의 신재생에너지 활용 건축물이며 서울시는 기존 청사의 협소, 분산, 노후화에 따른 문제점을 해결하기 위하여 2005년부터 2012년까지 기존 시청본관의 청사 부지를 활용한 증 · 개축 추진하였다. 이중외피 시스템 도입, 태양광 발전, 지열, 태양열 집열, 수직벽면 녹화 등의 친환경적인 신재생 에너지 활용하고 있다. 신청사는 전체 에너지 사용량(1,982TOE)의 약 28.3%에 해당하는 560TOE를 친환경 · 신재생 에너지로 생산하여 이용함으로써 사용에너지효율 1등급을 획득하였다. 태양광발전을 활용한 최대 37TOE 전기 에너지 생산, 지열 397TOE, 태양열 49TOE, 태양광집광 2TOE, 증수열 · 열병합발전 폐열 이용 75TOE

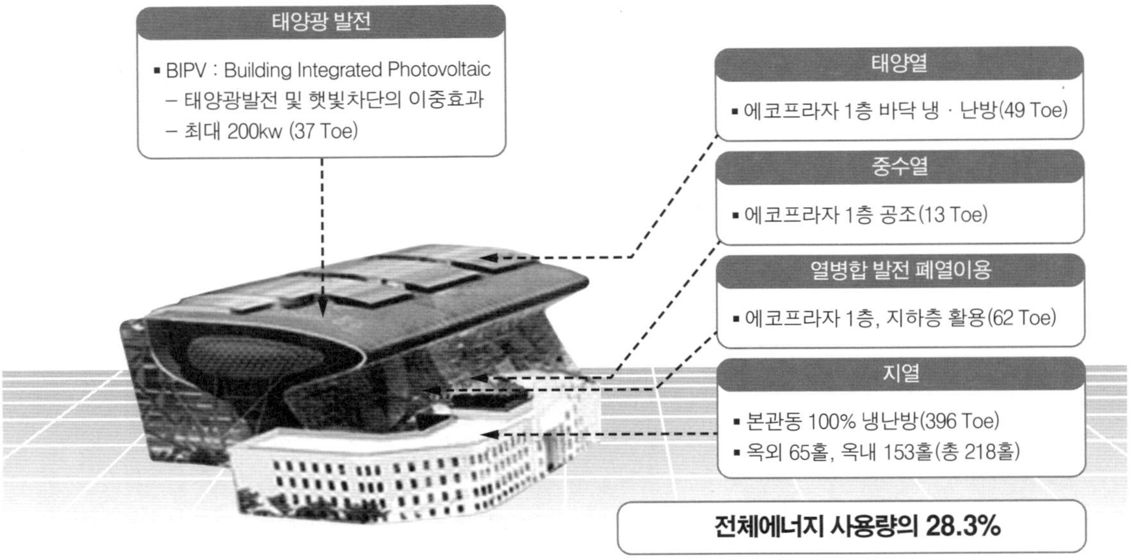

[그림 2-6] 서울시 신청사 친환경 · 신재생에너지 활용 현황

등 연간 총 560TOE의 친환경 · 신재생에너지를 활용한다. 신청사의 친환경 · 신재생 에너지 활용으로 인한 냉 · 난방 효율성을 확인하기 위해 서울시가 2차례에 걸친 시뮬레이션을 실시한 결과 7~8월 하절기엔 냉방 체감온도가 26℃, 11~2월 동절기엔 난방체감온도가 20℃로 기준온도를 충족하고 있다.

신청사 1층 전면부의 실내공간(총면적 1,165㎡)에는 이중외피 시스템과 세계 최대 규모의 실내 수직정원을 조성함으로써 자연 냉 · 난방 효과의 극대화를 통한 에너지 절감은 물론 공기정화 등 쾌적성까지 확보한 에코플라자(Eco Plaza)를 조성하고 있다.

에코플라자의 실내 1층 공간의 에너지 절감 여부를 시뮬레이션 한 결과 자연환기, 태양열을 이용한 냉 · 난방 가동으로 연간 약 50TOE의 석유가 절약되고, 이중외피 시스템 도입으로 인한 내부공기 이용으로 연간 약 5TOE의 에너지가 절약돼 총 55TOE의 에너지가 절감되었다. 이는 이산화탄소 저감량 128톤CO_2 정도에 해당되며, 냉 · 난방 에너지 약 10.5%를 절감하는 효과가 있다.

신축 건물의 신재생에너지 확대는 이제 당연히 하여야하는 요소로 자리매김하기 시작하고 있는데 해외에도 이런 움직임이 활발히 나타나고 있고 주요사례로 런던 올림픽을 계기로 지어진 크리스탈 빌딩이 있다. 여기에는 서울시의 기후변화 대응정책도 간략히 소개되는 공간이 있다.

[그림 2-7] 실내 수직정원

Green Wall 기네스에 등재(2013. 2. 28)
실내 벽면에 살아 있는 식물 식재(높이 28m, 규모 1,516㎡)
식재식물 : 실내환경에 적합한 14종 약6만5천본
기대효과 :
- 음이온 산소배출, 공기정화효과로 쾌적한 실내환경유지
- 실내오염물질(이산화황, 암모니아 등) 및 미세먼지 제거
- 온도 습도 등 조절을 통해 심리적 안정 및 정서순화에 기여

런던 크리스탈 빌딩(지속가능한 도시를 추구하기 위해 건설)

크리스탈빌딩은 태양광과 지열에 의해 자체 발전을 하며 밧데리에 전기에너지를 저장하고 전기를 제공하는 시스템을 가지고 있고 지속가능한 도시를 추구하며 지멘스와 런던시간 협약에 의해 런던 올림픽경기장 인근에 설치되었다. 빗물사용,중수의 이용 태양열등을 사용하여 지속가능한 건물의 모범을 보이고 교육장으로 회의장으로 사용되어진다. 건물의 효율등급을 인정해주는 미국의 LEED와 영국의 BREEAM 높은 점수를 획득하였다.

[그림 2-8] 크리스탈 빌딩 전경

[그림 2-9] 크리스탈 빌딩 내부1 물의 중요성

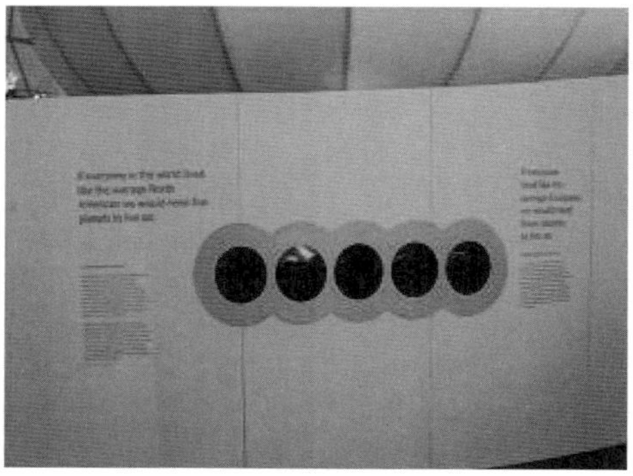

[그림 2-9] 크리스탈 빌딩 내부1 물의 중요성

〈크리스탈 빌딩 내부 문구〉

※ '지구상의 모든 사람이 일반적인 북아메리카 사람들처럼 산다면 우리는 삶을 영위하기 위해 5개의 행성(지구)을 더 필요로 할 것이다'라는 의미 - 절약의 필요성 강조

2.4.2 기존 건물의 온실가스 감축 정책

■ 건물에너지합리화(BRP; Building Retrofit Project) 개요

서울시는 전체 건축물 65만동의 절반인 33만동이 20년 이상된 노후 건물로써 단열성능이 저하되어 에너지 손실이 많으므로 에너지 효율개선이 필요하다.

건축물의 열손실 방지 등 에너지절약 설계기준이 '01년부터 강화되어 이전에 건축된 경우 단열성능이 낮은 실정이다. 건물에너지합리화사업(Building Retrofit Project, BRP)은 에너지 소비량이 많은 기존건물의 에너지손실 요인을 찾아내 난방, 단열, 조명, 지붕과 창문 등의 개조를 통해 에너지절약과 이용효율화를 최대화하고 온실가스 배출은 줄이는 친환경프로젝트라고 할 수 있다.

서울시는 2007년 5월 뉴욕에서 열린 C40 대도시 기후변화정상회의에 참석한 17개 주요도시 시장들(런던, 파리, 동경 등) 및 클린턴기후구상(CCI)과 함께 대도시의 온실가스 주 배출원인 건물의 에너지절약과 효율을 높이는 건물에너지합리화사업(BRP) 추진에 공감대를 형성하고 공동협력토록 합의함에 따라 이를 적극 실천하기 위해 공공부문과 민간부문에 걸쳐 건물에너지 합리화사업을 실시하고 있다. 건물에너지 효율화 사업의 대표적 사례는 뉴욕 엠파이어 스테이트 빌딩으로 이후 사업의 효과성이 검증되어 세계적으로 확산되고 있다. 멜버른은 이 분야에 온실가스감축을 집중하고 있다.

뉴욕 엠파이어스테이트 빌딩 에너지합리화

엠파이어스테이트빌딩의 에너지 소비를 35%까지 줄이고, 연간 440만 달러를 절약추진 미국 전 대통령 빌 클린턴, RMI(Rocky Mountain Institute) 최고과학자 Amory Lovins, 뉴욕시장 Michael Bloomberg, 엠파이어스테이트 빌딩 소유주 Tony Malkin가 협략한 우수사례임

[표 2-3] 건물에너지효율화사업의 세부항목

에너지절약시설	세 부 내 용
건물단열	단열재 강화, 외벽 창호(복층유리, 이중창, 고기밀성, 단열창호)개선
조 명	고효율 또는 LED 조명(건물 전체 조명의 50% 이상)
건물자동화 제어장치	자동제어, 건물에너지관리시스템(BEMS) 등
폐열회수설비	열교환장치, 히트펌프 등
에너지 절약형 공조시스템	고효율 인버터, 고효율 송풍기 및 전동기 등
냉 · 난방효율 향상공사	고효율보일러, 냉온수기, 냉동기 등 냉 · 냉방기기
수변전설비	고효율 변압기
대기전력저감 우수제품	대기전력 자동차단용 인공지능형 콘센트 60% 이상 교체
고효율에너지기자재설치공사	에너지이용합리화법에 의한 고효율기자재
신재생에너지	태양광, 태양열, 지열
에너지절약시설	공인시험기관에서 에너지절약 효과가 10%이상이다고 인증한 설비
에너지 절약과 이용효율화시설	단열필름, 스마트계량기, 절수장치(기구)로 건물의 80% 이상 설치

멜버른 1200건물프로그램

멜버른시의 1200건물 프로그램은 2010년 시장에서 상업용 및 비거주 건물의 건물에너지 효율화사업을 촉진하는데 목적을 두고 진행하여 건물 에너지 효율과 환경개선 건물의 매력향상, 세입자로부터 건물재개약에대한 요구가 향상되어 건물주에게 혜택이 주어지고 에너지 비용 절감

- 매년 383,000 tonnes of CO_2–e 감축, 민간부분 $2 billion 재투자 촉진, 8,000 그린컬라일자리 창출, 멜버른 경제에 긍정적 기여

서울시는 공공건물이 선도적으로 BRP를 추진하여 민간건물의 참여를 유도하였으며, '12년부터는 주택으로 사업 영역을 확대하여 단열 및 주거환경 개선으로 시민 참여 대폭 증가하고 있다. 서울시는 '08년부터 '13년까지 건물 단열재, 고효율 냉 · 난방기 교체 등

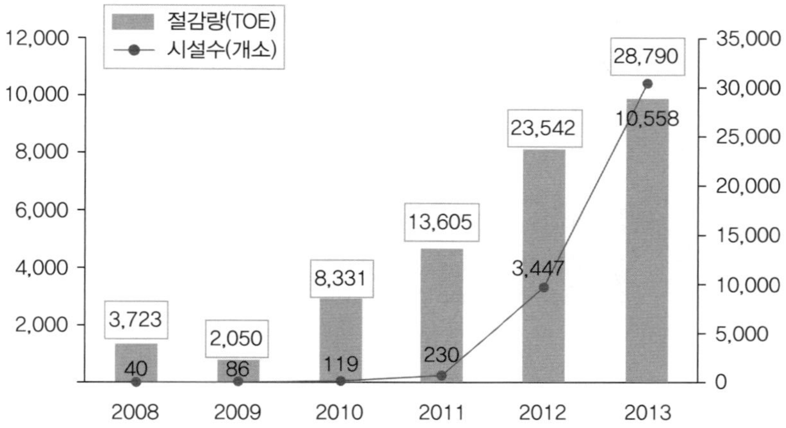

[그림 2-11] 연도별 건물에너지합리화 사업 추진 실적('08~'13)

에너지 효율개선을 위해 14,480개소에 BRP 추진하여(총 5,164억원 투자) 80,038 TOE/년 에너지를 절감하였으며, 온실가스는 233,550톤CO_2/년 감축 한 바 있다.

[표 2-4] 유형별 건물에너지합리화 사업(BRP) 추진실적('08년~'13년)

구 분	사 업 대 상	참 여	에너지절감량	온실가스감축량
계		14,480 개소	80,038 TOE	233,550톤CO_2
공공건물	시청사, 사업소, 사회복지시설 등	138 개소	3,380 TOE	9,863톤CO_2
민간건물	대학, 병원, 업무시설 등	1,558 개소	74,343 TOE	216,932톤CO_2
주 택	단독주택, 공동주택	12,784 호	2,315 TOE	6,755톤CO_2

※ 총 사업비 5,164억원 투자(예산 326억원, 융자지원 457억원 포함)

■ 공공부문 건물에너지합리화사업(BRP)

서울시에서는 건물에너지 효율개선과 신·재생에너지 보급으로 녹색청사를 조성하고 공공기관 에너지 효율관리 모범사례로 시민에게 홍보하기 위하여 시청사와 산하 사업소, 자치구 등 공공부문에서 건물에너지 합리화 사업을 우선적으로 추진해왔다.

시청사나 사업소 등을 우선으로 건물에너지합리화 사업을 추진하다 2011년부터는 사회복지시설 등 공공시설의 에너지 효율개선 대상을 확대하여 에너지 절감률도 높이고 있다. 사회복지시설의 에너지합리화 사업은 2011년부터 2013년까지 총 44개소에 대해 시행되었는데 고효율의 냉·난방기, 단열창호, LED 조명 등으로 교체를 통해 1,156TOE/년의 에너지를 절감했다.

[표 2-5] 공공부문 건물에너지합리화 추진 실적

구분	대상 (개소)	사업비 (백만원)	에너지 사용량 (TOE/년)	에너지 절감량 (TOE/년)	절감률 (%)	비고
계	153	35,464	36,283	3,797	10.5	
2008년	32	6,253	13,479	1,187	8.8	- 시청사 10개소 - 사업소 11개소 - 자치구 11개소
2009년	44	11,783	11,492	739	6.4	- 사업소 13개소 - 교육청 산하 31개교
2010년	18	4,262	2,573	298	11.6	- 소방서 18개소
2011년	15	3,420	2,628	285	10.8	- 사회복지시설 15개소
2012년	15	3,561	2,834	510	18	- 사회복지시설 15개소
2013년	14	3,360	1,578	361	23	- 사회복지시설 14개소
2014년	15	2,825	1,699	417	24.5	- 사회복지시설 14개소

LED(Light-Emitting Diode)는 전력의 최대 90%까지 빛으로 바꾸기 때문에 전력소비가 적고(백열등은 전력의 5%, 형광등은 40%를 빛으로 바꿈) 전구의 수명도 5만~10만 시간으로 기존 전구(3000~7000시간)보다 긴 편이다.

서울시는 2014년까지 공공조명 50%를 LED조명으로 교체하기 위해 시청사나 구청

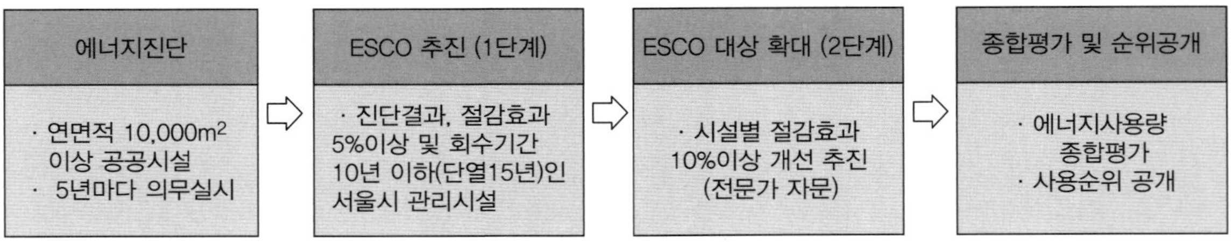

[그림 2-12] ESCO 추진 절차

사 조명, 지하철역사, 지하상가 등에 80만개 보급했으며, 2020년까지 공공조명 100%를 LED로 대체할 목표를 세우고 지속적으로 추진 중이다.

[표 2-6] '13년 공공시설별 LED 설치 현황

구분	계	교육 시설	청사	공원 및 체육시설	물재생 시설	관람시설	병원	자원 회수시설
설치 수량	16,910	1,580	4,769	3,375	886	2,826	1,930	1,544
사업 장소	25	서울 시립대	시의회, 소방본부, 소방서 등	체육사업소, 서부공원	탄천 서남	역사박물관 서울대공원	아동,어린이 병원	양천자원 회수시설 등

그 외에도 에너지 절감 효과를 극대화하기 위해 ESCO추진 활성화로 공공시설 단계별 ESCO 참여를 확대하고 있다.

■ 민간부문 건물에너지합리화사업(BRP) 추진

공공부문의 선도적 사업과 병행하여 건물에너지합리화 사업을 통해 실질적인 에너지 절감과 온실가스 감축효과를 거두기 위해서는 민간의 적극적인 참여가 중요하므로 관계기관들과 공동협력체계를 구축하고 민간건물주와 업종별 협회를 대상으로 한 적극적인 홍보 마케팅활동과 함께 다양한 인센티브 제공 및 관련 제도개선 추진 등 다각적인 노력을 기울이고 있다.

서울시는 대한상공회의소, 전국은행연합회, 에스코협회 등 관계기관과 건물에너지합리화사업 활성화 협약식을 2008년 4월에 체결하고 호텔협회, 병원장협의회, 대학시설관리자협회 등 협의체와 대한상의 환경위원회, 건축사회, 빌딩경영협회 등 업종별 협회를 대상으로 사업설명회를 개최한 바 있다.

건물소유주인 재단 · 공단 · 조합과 개별 대형건물에 대한 방문상담 및 컨설팅 활동을 실시하고 있다.

[표 2-7] 민간부문 건물에너지합리화 추진 실적

구 분	대상 (개소)	사업비 (백만원)	융자추천 (백만원)	에너지 사용량 (TOE/년)	에너지 절감량 (TOE/년)	절감률 (%)
계	71,638	716,279	65,802	2,891,936	148,325	5.2
2008년	8	28,269	3,291	27,582	2,536	9.2
2009년	42	56,919	14,592	7,981	1,311	16.4
2010년	101	35,220	6,687	86,701	8,033	9.3
2011년	215	71,083	4,211	308,558	13,320	4.3
2012년	3,432	120,069	4,351	541,706	23,032	4.3
2013년	10,544	172,245	12,024	485,890	28,429	5.9
2014년	57,296	232,474	20,086	1,433,518	71,664	5.0

에너지 소비가 많은 쇼핑몰이나 할인점은 LED 조명, 냉방시설, 인버터 등 고효율설비 교체공사를 하고 업무용빌딩이나 대학은 건물에너지 관리시스템(BEMS), LED 조명, 냉난방시스템 개선 등을 적용하여 에너지 절감한다.

건물에너지 관리시스템(BEMS:Building Energy Management System) 도입으로 무역센터('06년 도입)는 연간 4~5%의 에너지 절감, 삼성서초사옥('07년 도입)은 연간 11% 에너지 절감하고 있다.

에너지 다소비 업체는 에너지진단은 의무적이나 시설개선은 자율이므로 개선 이행률이 낮음(절감 잠재량에 비해 실제 절감량은 52%). 따라서 에너지 다소비 업체의 에너지 관리를 전략적으로 수행하고 온실가스 · 에너지 목표관리제와 연계하여 효율개선 추진한다. 에너지 다소비 업체에 대해 맞춤형 에너지 컨설팅을 지원하고 시행률을 평가하여 에너지 소비 성적표 공개하고 있다.

목표 관리제를 추진하고 2015년부터 시행하는 탄소배출권 거래제와 연계 추진하고 있다.

공공성으로 가지고 지역의 에너지 진단 설계 시설개선을 이루는 사례로 독일 베를린 제로카본 주거단지를 계획적으로 친환경 도시를 가꾸어온 예로 스웨덴 말뫼를 들 수 있다. 특히 말뫼는 조선업으로 성공하다가 한국 조선업에 경쟁력을 잃어버리고 새로운 친환경 도시 정책으로 도시경제가 다시 회복된 우수한 사례라 할 수 있다. "말뫼의 눈물"

유광무역 : 에너지 절감 62%(36TOE/년), 공사비 1.95억원(융자지원 1.56억원)
⇒ 창호개선, 보일러 개선 및 기존 조명 LED 교체

KLAPP 양재동사옥 : 에너지 절감 28%(23TOE/년), 공사비 16억원(융자지원 10억원),
⇒ 건물단열, 창호개선, 냉 · 난방개선, LED조명, 태양열 · 심야 전기설비 설치

[그림 2-13] 건물에너지 효율화 사례

이라는 이야기도 있는데 2003년 현대중공업은 스웨덴 말뫼 최대의 조선업체인 코컴스사의 높이140미터, 중량7000톤의 크레인을 단돈 1달러에 인수한다. 이러한 아쉬워했던 사실에 유례 되었으나 그 후 시와 시민이 힘을 모아 IT(Information Technology)기술을 도입하고 새로운 친환경 도시로 거듭나서 북유럽의 친환경 우수도시로 명성을 보이고 있다.

독일 제로카본 주거단지

'주거공간요하니스탈(Lebens(t)raum Johannisthal)'

- 설립배경

  사회적 융합이 용이한 마을형태의 공간구조와 다양한 연령의 세대들이 모여 창출하는 시너지 효과를 활용하여 도시속의 익명성과 소외감을 극복하고, 개별주체의 욕구와 필요를 최대한 고려할 수 있는 장치들을 공동으로 논의 실행하여 생태 · 사회 · 경제적으로 지속가능한 미래형 주거형태를 제시.

- 위치와 과정

  베를린 트렙토우(Treptow)구,아들러스 호프에서 서북쪽으로 500m에 위치 20가구의 마을로 건축주 조합회사(GdR)로 시작하여 2011년부터는 WEG(Wohnungseigentumgesellschaft)주택소유자 조합으로 전환 마음이 맞는 사람들끼리 건축주 조합을 결성하고, 개별주체의 필요 (주상복합, 가족 구성원, 크기, 취향 등)에 따라 맞춤형 주택을 실현하는 사례는 독일에서 지속적으로 증가하고 있으나, 단지규모의 코뮤니티를 자발적으로 기획하고 실현

- 주거공동체의 목표들과 시행한 주요내용

  단순한 주거단지에서 주거연합체로 공간상 가까운 이웃으로 산다는 것은, 삶의 다양한 도움을 주고받을 수 있는 조건이 될 수 있다. 잠시 어린 아이들을 맡기거나 돌아가며 맡아주기, 병환중에 있는 사람 몫까지 밥이나 쇼핑꺼리 심부름하기, 이웃의 물리학 교수로부터 아이들 숙제도움받기, 핵가족 구조가 가질 수 없는 다세대 교류의 기회, 가구 등의 수송을 위해 트럭이나 화물 자전거를 공동으로 사용, 자동차를 공유하거나 카풀제를 이용, 집 수리를 위한 연장도구들을 공동으로 사용, 음료수 및 필요한 식품들을 저렴하게 공동구매하고, 사회기금을 조성하여 어려운 처지에 있는 이웃을 돕거나 도움 받을 수 있다면,개인의 삶에 커다란 시간적 정신적 경제적 도움이 될 수 있다. 다세대 · 주거연합체라는 개념은 건축물을 계획하기 이전부터 염두해둔 중요한 철학으로서 도시내의 무명성과 일상의 고독에 대응하여 인간의 기본적이고 개별적인 욕구와 공동체로서의 소속감의 필요성을 동시에 염두에 둔 모델을 보여주고자 하였다. 고령화되고 핵가족화 된 독일 사회에서 다세대를 아우르는 공동체는 서로에게 다양한 장점을 제공할 수 있는 대안으로 제시되고 있다.

- 생태적 가치구현

건축시공 뿐 아니라 냉난방 등의 건축물 운용 및 생활양식에 있어 친생태 · 친환경적 인 가치를 구현하자는 데에 모든 주민들이 뜻을 같이하고 있다.

건축 : 높은 수준의 단열을 통한 난방에너지 절감, 목재, 흙, 짚 등의 자연소재 건축자재를 이용하고, 에너지 사용부담금의 정확한 분배, 펠렛을 이용한 난방, 생태 전기 선택, 태양열을 보일러에 연결, 사용한 오수는 정화시설을 통해 화장실세척용으로 재활용을 하고 있다.

베를린 태양광에너지 설치 주택

펠렛의 바이오에너지 사용모습

친환경 도시로의 전환 : 스웨덴 말뫼

친환경 생태지구 Vastra Hammnen

- 서쪽항구(Vastra Hamnen) 및 Bo01
  과거 스웨덴의 대표적인 조선업 도시였던 말뫼는 한때 쇠퇴했으나 친환경 녹색산업 도입을 통해 지속가능한(sustainable) 친환경 생태도시로의 경쟁력 창출 중임「2001년 유럽주택전시회 Bo01」개최시 Vastra Hamnen을 지속가능한 지역으로 전환한다는 내용 발표 후 스웨덴 'Bo01' 지역을 1단계로 사업 시행 등 친환경 개발로 새로운 도시 경쟁력 확보

- Bo01 개요 및 특징
  서쪽항구의 주거시범단지로 2001년 주택전시회를 위해 조성된 이후 대표적인 친환경 생태지구로 알려지며 지속가능한 친환경 시설 견학 등을 위한 관광객 증가

  산업발전 등 경쟁력 제고로 시민, 청년층 등 인구유입: 23만 → 29만
  태양열, 풍력, 조력, 지열 등 신재생에너지 활용으로 에너지 자립 실현
  - 태양광에너지 활용 : 건물옥상 및 외벽 집열판 설치
  - 풍력활용 : 10㎞인근 풍력발전단지 전력 생산
  - 지열활용 : 바다와 지하수 활용

- 친환경 상징건물 터닝토르소(54층 190m) 건립
  - 인근 풍력단지 활용 전기 공급
  - 가정에서 발생하는 음식물쓰레기를 활용 바이오가스 생산
  - 90° 회전한 건물 디자인 설계로 2005년부터 도시 랜드마크로 인식

- 생태 · 녹지공간 조성으로 기후변화 완화
  - 빗물, 눈 녹은 물을 위한 수로 및 보관시설 활용
  - 옥상 녹화, 식물 성장 녹지공간 확보 등
  - 터닝 토르소는 말뫼의 거주형 고층건물로서 친환경 관리
    타워높이 190 metres (623 feet) 54층 147 가구거주 건물로서 에너지 사용량을 모니터링에 의해 각 세대별로 난방과 물사용을 체크 에너지비용을 계획하도록 설계하여

친환경적 생활 양식을 채택하고 있고, 건물 에너지원을 100% 재생에너지 사용 인근 풍력단지 활용 전기를 공급받고 있다. 창문과 벽도 에너지효율적으로 설계되었다 특히 거주자들이 발생하는 음식물쓰레기 활용 바이오가스 생산하고 90° 회전한 건물디자인 설계로 2005년부터 도시 랜드마크로 인식되어지고 있다 http://www.turningtorso.net/

Bo01 초입 표지판(보행자 우선 표시)

Bo01 모습

건물 옥상 녹화 등

Bo01 전경

태양집열판(태양열 활용)

태양전지판(태양광 활용)

Bo01 지구 내부 거리(중세유럽 영향)

Bo01 지구 내부(중세유럽 영향)

친환경 랜드마크 터닝토르소 전경

북쪽 항구(풍력터번)

2.5 수송부문의 온실가스 감축

1970년 서울의 자동차 수는 인구 100명당 1대 정도였으나, 소득의 증가 등으로 삶의 수준이 높아짐에 따라 1990년에는 9명당 1대, 2013년에는 3명당 1대로 자동차 수가 급격하게 증가하였다.

전체 자동차 가운데 승용차 구성비는 1970년에 57.7%였으나, 1980년대 후반부터 승용차 소유가 본격적으로 보편화된 결과, 2014년 서울시에 등록되어 있는 자동차 총 3,013천대 중, 승용차는 2,511천대로서 83.3%이며, 그 다음으로 화물차 347천대(11.5%), 승합차 150천대(5%) 이다.

수송부문의 온실가스 배출원은 도로수송, 민간항공, 수상운송, 철도, 기타 등으로 나눌 수 있는데 2012년 수송부문의 온실가스 배출량을 보면 도로수송이 95.2%로 거의 대

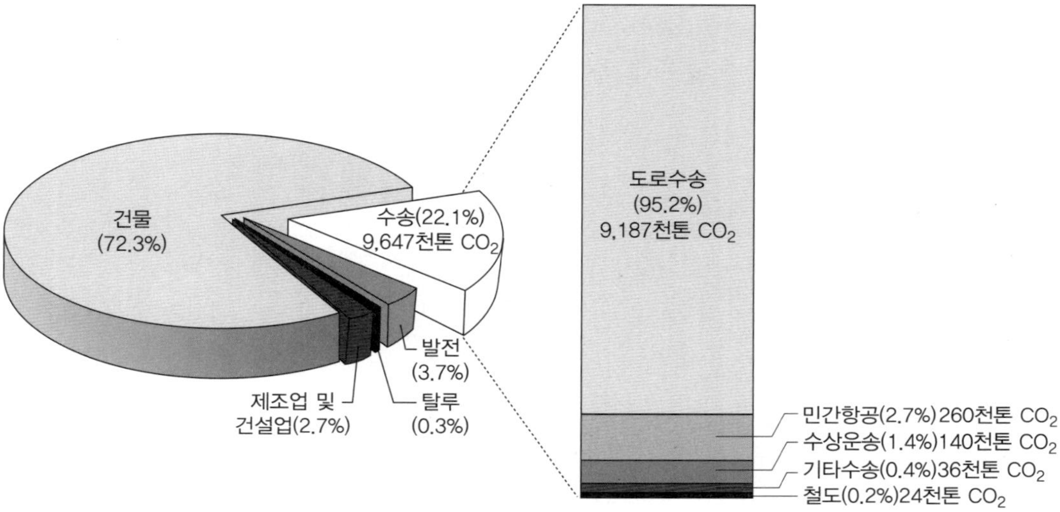

[그림 2-14] 2012년 수송부문의 온실가스 배출비율

부분을 차지하며, 그 외 항공부문이 2.7%, 수상운송이 1.4%의 배출 비율을 보인다.

항공부문의 경우 서울시 소재 김포공항에서 대부분의 온실가스가 배출된다. 2001년 3월 인천국제공항의 개항으로 김포공항의 국제선이 인천국제공항으로 이전되면서 2001년 항공부문의 온실가스 배출량은 1,207천tonCO_2로 2000년 온실가스 배출량 4,421천tonCO_2대비 3,214천tonCO_2 감소하였다. 그러나 일부 지역의 국제선 운항이 재개된 2006년부터 항공부문의 온실가스 배출량은 서서히 증가하고 있다.

서울시의 교통정체로 인한 교통혼잡비용은 연간 6조 7천억원에 이르며, 자동차 운행으로 인한 에너지 소모는 연간 4조 1000억원에 이른다. 특히, 대기오염원의 75%가 자동차 등의 수송부문에서 배출되는 배기가스에 의한다. 교통수단간 이산화탄소 배출량을 보면 승객 1명이 지하철, 버스, 승용차를 이용하여 60km를 운행할 때 배출되는 양은 지하철(0.002162kg), 버스(0.9313kg), 승용차(3.225kg)순이다. 에너지 부문에 있어서도 지하철이나 버스가 승용차에 비해 효율적인데, 지하철의 수송에너지를 100(kcal/인 · km)으로 보면 버스와 승용차의 에너지는 각각 251(kcal/인 · km), 546 (kcal/인 · km) 이다.

서울시는 '승용차에 의존하지 않아도 편리하게 생활할 수 있는 서울'을 비전으로 정하고 교통체계를 승용차 위주에서 인간중심체제로 전환함으로써 쾌적한 도심환경 조성 및 에너지 이용 저감을 달성하고자 한다. 서울시에서 수송부문 온실가스 배출량을 감소시키기 위해 추진하고 있는 정책으로는 대중교통 활성화 정책, 승용차 이용 억제 정책, 친환경 교통수단 확대 정책, 친환경 연료 사용 및 저공해화 정책, 도로시설 효율 개선 정책이 있다.

■ 대중교통 활성화 정책

서울시의 2012년 교통수단별 수송분담율을 보면 대중교통에 의한 것이 65.6% (지하철 · 철도는 38.2%, 버스는 27.4%)이고 승용차는 23.1%, 택시는 6.9%, 기타가 4.4%이다. 통합적인 대중교통시스템을 구축하기 전인 2003년(61.2%)과 비교해보면 2012년 대중교통 수송분담율은 4% 이상 증가한다. 2014년 대중교통 이용객은 11,141천명/일(지하철 5,345천 명, 버스 5,796천 명)으로 최근 5년간 연평균 1.4% 증가한 바 있다.

그러나 2014년 기준 자동차 등록대수 3,013천대 가운데 승용차가 2,387천대(79.2%)로 가장 많은 비중을 차지하고 있어, 수송부문의 화석연료 사용 절감과 자동차 배출 대기오염 개선을 위해서는 승용차 이용 감축이 가장 중요하다.

수송부문에서 수단분담률 대비 에너지 소비 분담률의 비율을 보면 승용차는 수단 분담률은 상대적으로 낮은 반면 에너지 소비 분담률은 55.7%로 가장 높음. 상대적으로 지하철은 수단 분담률은 가장 높은데 에너지 소비 분담율은 매우 낮은 것으로 나타난다.

서울시는 시민들의 자발적인 승용차 이용 자제를 유도하기 위해서 시민들이 불편하지 않도록 대중교통의 편리성과 효율성을 확대시키는 대중교통을 활성화하는 정책을 추진하고 있다.

서울시는 통합된 대중 교통시스템을 만들기 위해 2004년부터 개별화되어있던 교통수단을 연계하고 버스 노선 체계 및 요금체계 개편, 교통카드 및 첨단 교통정보시스템 활용, 버스 고급화, 중앙버스전용차로 설치 등을 유기적으로 묶어 획기적이고 합리적인 대중교통시스템을 구축하였다.

시민 편의 위주의 버스노선 체계를 구축하기 위하여 버스노선은 기본적으로 지하철과 버스를 유기적으로 연계하여 대중 교통망이 끊이지 않고 연결될 수 있게 개편하고 이를 위해 2007년 4월 민영으로 운영되던 버스 운영 체계를 공익성을 강화한 준공영제로 바꾼 후 버스 노선 및 운영체계를 시민편의 위주로 바꾸었다.

버스노선 개편 외에도 대중교통 통합환승할인요금제를 시행하여 버스를 자주 갈아타는 대중교통 이용객의 불합리한 요금부담을 해소하고, 이동거리에 비례하여 요금을 부과함으로써 합리적인 요금체계를 제공하고 있으며, 이를 위해 첨단 IT기술을 대중교통

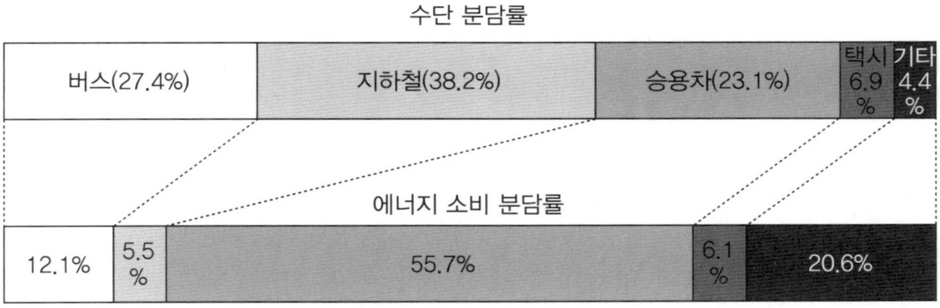

[그림 2-15] 수단 분담률 대비 에너지 소비 분담률

요금시스템에 접목시킨 교통카드시스템(스마트카드)을 구축하여 교통카드 한 장으로 버스와 지하철을 무료로 환승(최대 4회)하여 이용할 수 있도록 하고 있다.

이러한 교통카드시스템은 플라스틱 카드에서 모바일 형태로 진화하였고, 대중교통뿐만 아니라 식품점, 편의점 등 유통분야에서도 광범위한 사용이 가능해졌다. 2014년부터는 카드 한 장으로 전국의 육상운송수단을 모두 이용하는 'One Card All Pass' 개념이 더해져 기차와 고속버스, 고속도로 통행료까지 편리하게 지불이 가능해져 시민들로부터 높은 호응을 받고 있으며, 2014년 기준 교통카드 이용률은 99%를 기록하고 있다.

또한, 버스 이용객에게 실시간 버스 운행 정보를 제공하고 버스의 정시성을 확보해주며, 난폭운전을 예방하기 위한 버스종합사령실(BMS, Bus Management System) 운영하고 있다.

서울시는 버스 운행의 기반시설 확충을 위해 중앙버스전용차로제를 시행하고 확대 운영함. 중앙버스전용차로는 버스정류소가 도로의 중앙에 설치되어 버스와 일반차량이 분리되고 버스 우선 신호 체계가 적용되기 때문에 정확하고 빠른 운행이 가능해짐에 따라 버스 통행속도가 최고 2배 까지 빨라졌다. 또한 상습 정체지역의 소통량을 크게 향상시키는 등 버스의 평균주행속도가 빨라짐에 따라 온실가스 감축에도 기여하고 있다.

2002년 당시 서울시의 중앙버스전용차로는 4.5km에 불과했으나 2004년 5월부터 점차 확대하여 2014년 현재 12개 도로축(연장길이 117.5km)에 설치 · 운영함으로써 버스 속도를 15km/h에서 19km/h로 30% 개선. 버스이용승객은 517만 명에서 579만 명으로 약 12% 높여 수송능력 증대와 함께 지속가능한 녹색교통체계 확충에 노력해왔다.

그 외 대중교통의 운송비율을 높이기 위해 환승하는 승객이 많은 장소와 다양한 환승 수단 등을 고려해 복합기능을 겸비한 환승센터를 설치하여 교통 수단간 이동을 편리하게 한다.

버스와 더불어 지하철의 노선 개편 및 확충, 도시철도 급행서비스 확대 및 도심 간선망 구축 등 편리한 이용환경을 조성하여 대중교통 활성화(2014년 현재 지하철 연장 구간은 327.1km) 기여한다.

■ 승용차 이용 억제 정책

서울시에서 시행하고 있는 승용차 이용억제 정책으로는 도심 혼잡통행료 징수, 승용차 요일제 시행, 「차 없는 날」행사 및 기업체 교통수요관리 등이 있다.

■ 혼잡 통행료 징수

서울시는 도심교통의 원활한 소통과 대기오염의 개선 및 온실가스 감축을 위하여 남산 1호와 3호터널을 통해 도심으로 들어올 경우 혼잡통행료를 징수하고 있다.

"서울시 혼잡통행료 징수조례"를 제정하여 1996년 11월부터 시행하고 있는 혼잡통행료 제도는 도로이용자에게 비용을 부담시킴으로써, 효용이 낮은 이용자들이 대중교통을 이용하거나 혼잡시간대를 회피하도록 유도하고 있다. 장애인자동차 및 저공해자동차는 면제 대상이며, 1,000CC 미만의 경차나 승용차요일제 참여차량은 50% 감면 등 탄력적으로 운영한다. 대중교통수단으로의 전환 효과의 경우 직접적인 온실가스 저감량 산출이 어렵지만, 도심평균주행속도가 1km/hr증가할 때마다 연비는 0.2km/ℓ(승용차기준)증가하므로 이러한 연비향상을 통해 온실가스 배출감소에 기여할 수 있을 것으로 평가된다.

■ 승용차 요일제

승용차 요일제는 월, 화, 수, 목, 금요일중 중 시민이 스스로 쉬는 날을 정하고, 승용차 요일제 전자태그를 차량에 부착한 후 해당요일에는 차량을 운행하지 않는 선진시민 교통문화 실천운동이다.

승용차 요일제는 2003년 7월 종이스티커 방식으로 시작하였으나, 인센티브 지급 등의 문제점을 해결하고 승용차 요일제를 확산시키기 위해 2006년 1월부터 승용차 요일제 무선인식(RFID)시스템을 도입하였다.

승용차 요일제 전자태그를 차량에 부착하면 공영주차장 요금할인, 남산 1, 3호 터널 혼잡통행료 50% 감면, 교통유발부담금 20% 감면 등 다양한 혜택을 받을 수 있다. 승용차요일제는 교통혼잡 완화로 인한 연비향상과 참여차량의 운행거리 감소에 따른 연료

소비 감소량을 통해 수송부분에서 온실가스 저감에 기여할 수 있다.

온실가스 감축 이외에도 100만대가 승용차요일제에 참여하면 승용차 통행량이 10.63% 감소하게 되고 이로 인해 주행속도 2.94% 증가로 465억원의 연료비 절감효과가 예상되며, 연간 주행속도 4% 향상으로 6,113억원의 통행시간 비용 절감효과가 있음. 또한 타이어 마모에 따른 미세먼지 등 승용차 오염물질 배출량이 연간 9.3% 감축함으로써 자동차 가스 총 배출량의 9.4%가 감소하게 되어 환경오염비용 332억원의 절감효과가 있다.(서울연구원의 승용차 요일제 효과분석 연구 결과)

2003년부터 시행된 승용차 요일제는 교통량 감축 및 대기질 개선에 많은 기여 했는데 연간 주행거리 182백만km(1.1%) 감축, 에너지 12천TOE 절감, 온실가스 37천톤CO_2 감축, NOx 저감(108톤/년) 효과가 있었다. 승용차 요일제 가입자는 2007년 75만명에서 2012년 108만명까지 증가 후 2013년 수도권 통합으로 경기 인천 중복 가입자를 제외한 2014년 현재 74만명 이다.

서울시는 민간 인센티브를 지속적으로 개발하고 제공함으로써 승용차 요일제를 활성화시키고 노후된 전자태그 적기 교체 추진으로 내실화를 기해 2020년까지 118만대 가입을 목표로 추진한다.

■ 「차 없는 날」행사

「차 없는 날」행사는 1997년 프랑스에서 교통량 감축과 환경개선을 위해 처음 시작한 시민운동으로 현재는 전 세계적으로 확산되어 매년 행사를 개최하고 있으며, 유럽에서는 "차 없는 주간"으로 발전중인 행사이다 서울시도 시민고객과 함께 교통혼잡, 에너지 문제의 심각성을 인식하고 승용차 이용 억제 및 녹색교통수단 이용 확산을 통해 친환경 교통 이용문화 조성 및 대기질 개선을 위해 2006년부터 현재까지「차 없는 날」행사를 개최하고 있다.

2013년에는 세종로(광화문삼거리~시청앞까지 1.1km)에서 개최했으며 2014년에는 광화문에서 숭례문까지 2.1km에 걸쳐 차 없는 날 개최한 바 있다.

교통량 10~20% 감소 및 미세먼지 등 오염물질 8~20% 감소효과와 더불어 시민들이 마음 놓고 걸어다닐 수 있는 차없는 거리를 조성하는 사업을 추진하고 있는데 2012년에는 종로 감고당길, 동대문 풍물시장앞길 등 7개소, 2013년은 세종로, 어울마당로 등 22개소를 전일제로 지정해 운영했으며, 시간제와 요일제로 제한하는 지역까지 포함하면 총 55개소(18,573m)에서 차없는 거리를 조성하고 있다.

■ 기업체 교통수요관리 확대 및 개선

서울시는 일정규모(1,000㎡) 이상의 시설물에 대하여 교통유발부담금을 부과하고 기업체에서 승용차 부제 운용(5부제, 요일제, 2부제), 주차장 유료화, 유연근무제, 통근버스, 셔틀버스, 카풀 등 자율적으로 승용차 교통량을 감축시키면 교통유발부담금을 감면시켜주는 기업체 교통수요 관리 정책을 시행한다.

교통량 감축프로그램 다양화, 자발적 참여에 따른 교통유발부담금 경감비율을 프로그램별 최대 30%까지 상향 조정하는 등 기업체의 자발적 참여를 유도하고 있다.

기업체 교통수요관리 프로그램에 참여하는 기업체의 수가 도입초기에는 대상기업 중 10%에도 못 미치는 참여율을 보였으나, 1999년 조례개정 후 참여율이 18.5%(대상기업 3,970, 신청기업 733)로 증가하였으며, 2007년 조례개정 이후 참여율이 20% 이상으로 증가하고 있다.

■ 철도 중심의 대중교통 체계 구축

철도는 버스, 승용차 등과 비교하였을 때 탄소배출원 단위가 가장 낮은 친환경적인 교통수단으로 한사람을 1km 수송시 CO_2 배출량을 비교해보면 버스대비 1/3, 승용차대비 1/16 수준이다.

따라서 서울시는 승용차에 의존하지 않아도 서울 시내 어디서나 걸어서 10분 안에 지하철로 이동할 수 있는 '철도 중심 시대'를 열기 위하여 대중교통체계를 철도 중심으로 촘촘히 보완할 계획이다.

서울시 도시철도는 1974년부터 운행을 시작하여 2014년 현재 총연장이 327.1㎞이며, 서울메트로가 1호선에서 4호선까지 연장 137.9㎞, 도시철도공사 5호선에서 8호선까지 연장 162.2㎞, 9호선 27km를 운행하고 있다. 서울시계 내 국철과 광역철도의 총연장은 111.1㎞이다. 서울시는 향후 10년이내 신림선 · 동북선 · 면목선 · 서부선 등 10개의 도시철도 노선을 추진해 서울시내 철도 소외지역을 해소해 나가는 한편, 신분당선 서북부 및 KTX 동북부 연장 등 '강남-한양도성-여의도'를 잇는 광역급행철도 건설을 추진 과제로 정했다. 그 외 지하철 노후시설 교체 및 지하철 혼잡도 개선 방안도 모색한다.

대중교통의 사각지대 지역주민의 교통난을 해소할 뿐만 아니라 온실가스 배출을 줄이기 위해 이번에 건설할 계획인 도시철도는 경전철로서 기존의 도시철도에 비해 수송량은 작지만 전기 등과 같이 친환경적인 동력원을 이용하는 교통수단으로써 매연, 소음 및 진동이 적은 미래지향적이고 친환경적인 교통수단이다.

첨단 경전철은 시의 균형발전을 도모하고 교통네트워크를 완비하기 위한 지선철도의 성격을 갖고 있어 기존의 도시철도 방식인 중(重)전철 대신 건설비용과 운영비용이 저렴하고 경제성이 높은 것으로 평가된다.

서울시는 이번 기본계획을 통해 노선별 경제적 타당성과 노선 구축효과를 종합적으로 판단, 10개 노선을 기본계획 노선으로 선정된바 있다. (대상은 타당성이 재검증된 ▲신림선 ▲동북선 ▲면목선 ▲서부선 ▲우이신설연장선 ▲목동선 ▲난곡선 등 7개 노선과 정부의 광역교통개선대책에 반영된 ▲위례신사선 ▲위례선 ▲지하철 9호선 연장(보훈병원~고덕강일1지구) 3개의 신규노선임)

서울시는 경천절 확충, 지하철 연장 등을 통해 시내 441km에 이르는 촘촘한 도시 철도망을 구축하고 주요 거점을 빠르게 잇는 고속 간선기능 광역철도망을 연결해 대중교통 수단분담율을 75%까지 끌어올리기 위한 목표를 설정하여 다양한 대중교통 이용 증진정책을 추진하고 있다.

서울 시내 철도노선 구축이 완료되면 철도를 이용하는 전체 이용자의 통행시간은 약 2분(28.7분 → 26.2분) 감소하고, 계획 노선구간 이용자들의 통행시간 역시 31.6분에서 25.4분으로 약6분(20%↓) 감소 할 것으로 전망된다.

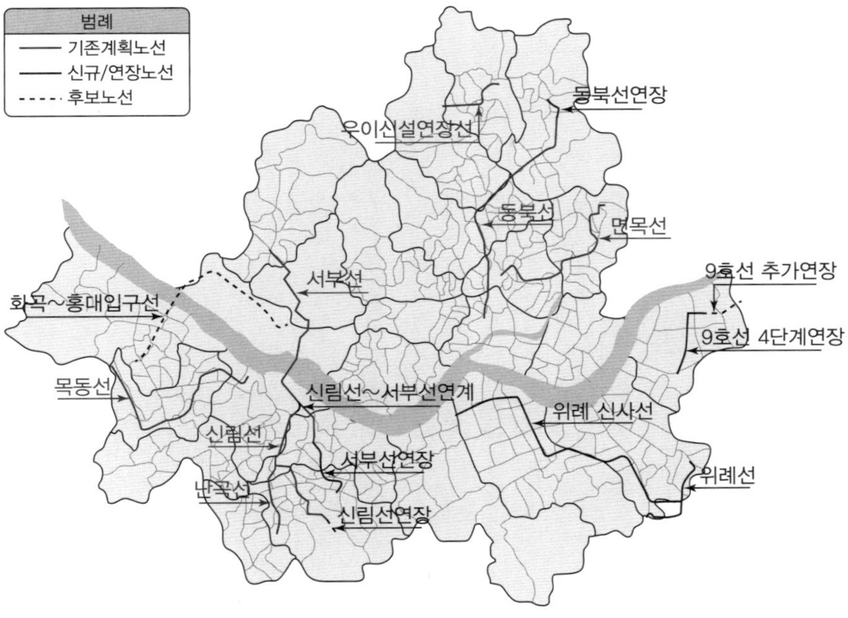

[그림 2-16] 서울시 도시철도 기본계획 노선도

2012년 기준 서울시 도심부 도로의 혼잡 비용은 약 8조 4천억원으로 추정하고 있는데, 계획노선이 구축되면 연간 1조 2천억원(15%↓)의 서울 시내 도로혼잡비용이 감소하는 등 경제적인 효과도 거둘 것으로 기대된다.

■ 자전거 이용 활성화

자전거는 대중교통수단의 수송 능력과 자가용의 접근성을 만족할 수 있는 무공해 교통수단으로서 최근 문제가 되고 있는 환경과 에너지 부문을 만족시킬 수 있는 새로운 대안적 교통수단이다.

서울시는 간선과 생활권을 연계하고 단절구간을 연결하는 등 자전거 도로망 네트워크 구축, 자전거 주차시설이나 다양한 편의 시설 확충을 통해 생활 교통수단으로서 자전거이용 활성화 정책을 추진하고 있다.

[표 2-8] 자전거 도로 설치 현황

구분	계	도로변				기타				
		소계	자전거 전용도로	자전거 전용차로	자전거·보행 겸용도로	소계	한강	지천	공원	교량
연장 (km)	707.6	448.2	69.7	52.9	325.6	259.4	71.0	168	12.4	8.0

자전거 도로는 차로를 축소하는 도로 다이어트방식 등을 통해 2014년 현재 724.6km 구축했으며, 향후 대중교통 환승과 연계되는 시스템 및 인프라를 구축하여 향후 자전거 도로를 점차적으로 연장할 계획이다.

[표 2-9] 자전거 주차시설 설치 현황

합계	주차장	보관함	거치대
4,895개소	16개소	19개소	4,860개소
143,666대	4,239대	426대	139,001대

자전거와 대중교통의 환승이용이 편리하게 하기 위하여 자전거 주차시설이나 거치대의 인프라 확충도 중요하므로 서울시는 보관수요가 많은 지하철역에는 편의시설을 갖춘 자전거 전용주차 건물을 세워 이용자들이 지하철로 쉽게 갈아탈 수 있도록 함으로써 대중교통 이용확대에 기여한다.

자전거 주차시설은 주차장, 보관함, 거치대 등 다양한 형태로 4,895개소가 운영중에 있으며, 그 외 자전거 대여소 등 다양한 편의시설을 운영하고 있다.

한강 교량에는 자전거 엘리베이터를 설치하여 서울시 전역을 자전거로 접근할 수 있도록 하고 가양대교, 성수대교 등에는 자전거 엘리베이터가 설치되어 이동을 편리하게 한다.

자전거 이용에 대한 인프라 외에도 안전 및 제반 준수사항에 대한 인식을 높이기 위해 교육프로그램을 개발, 보급하고 있다. 보호장구 착용의무화 등 도로교통법 개정, 보험가입 등으로 이용자 안전 강화하고 시민축제, 캠페인 등을 통한 이용문화 확산(생활자전거 대행진 행사 개최 등)하고 자전거 교육 및 홍보를 통한 자전거 안전사고 예방하고 있다.

■ CNG(Compressed Natural Gas, 압축천연가스) 자동차 보급

천연가스 자동차는 석탄, 석유 등 다른 화석연료와 달리 매장량이 풍부한 천연가스를 연료로 쓰며, 경유차에 비해 미세먼지는 거의없고, 질소산화물 등 다른 대기오염물질은 64%이상 적게 배출되기 때문에 서울시는 친환경연료인 CNG 차량 보급 사업을 중점 추진하고 있다.

[표 2-10] 02~'13년도 CNG 자동차 보급현황(대폐차 포함)

구 분	계	2002	2003	2004	2005	2006	2007	2008	2009	2010	2011	2012	2013
계	10,376	929	328	771	396	1,032	1,394	1297	1,757	1,173	590	467	242
시내버스	8,750	929	318	733	381	950	1,181	922	1,396	1,044	396	332	168
마을버스	1,049	-	-	18	5	71	132	261	214	85	100	100	63
청소차	523	-	10	20	10	11	81	114	147	44	48	27	11
기타	54	-	-	-	-	-	-	-	-	-	46	8	-

특히, 시내 · 마을버스 대폐차시 CNG 차량 구입 의무화 제도를 시행하여, 차량 구매시 보조금과 융자금을 지원하고 CNG 충전을 위한 연료비를 보조하는 등 재정적 지원과 함께 CNG 보급 기반이 되는 CNG 충전소를 지속적으로 설치하는 등 보급 촉진에 노력한 결과 '14년 현재 시내버스는 100% CNG 버스로 교체완료한 바 있다.

음식물수거 운반차량과 분뇨차 등 청소차에 대해서도 CNG 차량으로 교체하여 현재 523대가 운행 중이다.

천연가스차량운행을 위한 필수 인프라시설인 천연가스충전시설은 천연가스 차량확대보급과 연계하여 점진적으로 서울시 전역에 설치하고 2000년 6월 은평공영차고지에 일일 300대 충전이 가능한 규모로 처음 설치, '14년말 현재 고정식 충전소는 49개소이고 이동식 충전시설은 2개가 운영된다.

서울시는 CNG 버스보급으로 매연 등의 저감에는 효과가 있었으나, 온실가스 감축에는 한계가 있어, 현대자동차와 대우버스 등 차량제작업체와 무공해 전기버스 개발에 합의하고, 첫 단계로 '08년 6월 CNG semi 하이브리드 버스를 도입하여 시범 운행하였다.

그러나 기술적 한계로 인해 비용대비 효과 측면에서 문제가 있어 확대 공급이 지연되었다가 지속적인 기술개발을 통해 '14년부터 CNG 하이브리드 버스를 다시 점차적으로 도입하고 있다. 대폐차 대상으로 '14년에 10대 교체했으며, '15년에는 45대 교체 하였다.

CNG 하이브리드 버스는 감속 시 발생되는 에너지를 전기로 회수하고, 회수된 전기는 차량시스템의 유지와 모터 재시동에 사용하는 방식으로, 기존 CNG버스와 비교하였을 때, 온실가스를 포함한 유해배기가스를 15~20% 정도 줄일 수 있고, 연비향상으로 연료비 절감효과도 크다. 따라서 서울시는 CNG 버스를 CNG 하이브리드 버스로 단계적으로 교체해갈 계획이다.

■ 수소연료전지차 시범운영

수소연료전지차는 수소와 산소의 화학반응 중 발생한 전기를 활용해 모터를 구동하는 방식으로 물 이외에 배출가스를 발생하지 않는 친환경자동차이다. 수소연료전지차는 전기차보다 충전시간은 짧고 주행거리는 긴게 장점이나 차량가격과 자동차 운행에 필요한 수소충전소 설치비용이 비싸고 현재까지 개발된 자동차모델이 대중교통(버스, 택시 등)용으로는 미적합하여 중 · 장기적 활성화 방안을 모색 중이다. 서울시는 수송용 수소연료전지차 보급 기반을 구축하기 위해 '11년 6월부터 상암 수소스테이션을 운영하고 있다.

수소스테이션은 상암동 쓰레기매립지에서 발생한 매립가스에서 수소를 생산하여 수소연료전지자동차 연료로 제공하는 시설로 신재생에너지 랜드마크의 역할을 하고 있으며, '14년 현재 현대자동차에서 무상 제공한 차량 6대(수소차 5대, 에코투어용 수소버스 1대)가 이용 중이다. 수소연료전지 버스는 월드컵공원 일대를 순회하는 에너지드림센터 에코투어용 셔틀버스로 운행되는데 '14년까지 20,405명이 이용한 바 있다.

■ 경유차 저공해화 정책

경유차에서 배출하는 대기오염물질은 대부분 NOx, SOx, PM10으로 대기 오염의 주요원인이자 다량의 온실가스를 배출한다. 따라서 서울시는 2003년 자치구의 2.5톤급 관용청소차 135대에 대한 LPG엔진개조 시범사업을 시작으로, 2004년도 관용차 및 시내버스 등 880대에 대한 저감장치부착 등의 시범사업을 추가 실시한다. 2005년부터는 시내버스 및 사업용 차량 등을 중심으로 본격적인 저공해화 사업을 추진하여 '14년 10월 현재 저감장치 부착 146,533대, LPG엔진개조 68,203대, 조기폐차 62,341대 등 총 277,077대에 대해 저공해화 사업을 추진한다.

저공해사업 추진대상은 배출가스 보증기간(총중량 3.5톤 이상 2년, 총중량 3.5톤 미만 5년)이 지난 특정경유자동차 중 특정검사 기준(총중량 2.5~3.5톤 미만:2009.1)을 초과한 차량으로 '08년 1월부터 배출가스저감장치 부착 등을 의무화하고 있다.

[표 2-11] 서울시 저공해사업 실적 (단위 : 대)

구 분	저공해화추진실적 (단위 : 대)												
	계	'03	'04	'05	'06	'07	'08	'09	'10	'11	'12	'13	'14.10
합계(대)	277,077	135	880	12,130	39,038	54,291	36,099	34,866	30,825	24,114	16,401	16,812	11,486
LPG개조	68,203	135	450	2,814	8,714	14,285	16,452	14,027	7,922	2,074	961	277	92
저감장치 부착	146,533	-	430	9,279	29,715	34,201	9,796	11,709	17,461	14,961	7,617	7,738	3,626
조기폐차	62,341	-	-	37	609	5,805	9,851	9,130	5,442	7,079	7,823	8,797	7,768

※ 출처 : 서울시 친환경교통과

배출가스 저감장치 부착 또는 저공해 엔진개조 비용은 국 · 시비 각 50%를 지원하고 있으며, 조기폐차의 경우에는 보험개발원에서 산정한 차량 기준가액의 80%를 차종별 상한액(소형 150만원, 중형 400만원, 대형 700만원) 범위 내에서 지원한다. 저공해화 사업 참여차량에 대해서는 환경개선부담금 및 배출가스 정밀검사를 3년간 면제해 주는 인센티브를 부여한다.

[표 2-12] 저공해 수단 및 지원규모

장치명	장 치 원 리	저감효율	지원액 (만원)
DPF 	300℃ 차량 자체 배기가스 열(자연재생장치) 또는 추가 열원장치 공급열(복합재생장치)로 제거하는 장치	매연 80%이상	378~771
pDPF 	촉매가 코팅된 필터로 여과 후, 엔진 배기가스 열(290℃)을 이용 산화시켜 CO_2, H_2O로 전환하는 장치	매연 50%이상	180~279
LPG개조 	경유엔진을 LPG엔진으로 개조	매연 100%	343~366
조기폐차	대기관리권역 2년이상 등록, 차령 7년이상 특정경유차로서 조기에 폐차	매연 100%	150~700

저공해 사업 추진으로 100㎍/㎥ 이상의 고농도 발생일수는 감소하고 30㎍/㎥ 이상의 저농도 발생일수는 증가하는 등 서울의 미세먼지 오염도가 점차 개선되어 가고 있으며, 시민들이 느끼는 체감 오염도인 매연 발생 차량 신고 건수도 크게 감소했다.

■ 친환경 그린카 보급 및 인프라 확충

전기차는 매연 등 시민의 건강을 위협하는 대기오염물질은 물론 지구온난화의 주범인 이산화탄소 등 온실가스 발생량도 대폭 줄일 수 있어 세계적으로 그린카 보급 증가 추세이다.

서울시는 2009년부터 선도적으로 그린카를 보급하고 충전인프라를 구축함으로써 전기자동차의 테스트베드 역할을 수행한다. '전기이륜차'를 시작으로 '저속전기차', '개조전기차', '고속전기차', '전기버스', '수소연료전지차', '온라인전기차' 등 다양한 그린카 실증사업을 통해 기술 안정성 확보와 성능향상을 선도한다.

2009년부터 서울시, 자치구, 공원 등 공공시설에 충전소를 선도적으로 구축했고, 일반 충전 수요를 대비해 요금결재가 가능한 '스마트 충전시스템'을 개발했다. 서울시는 '09년부터 '14년까지 총 1,459대의 전기차를 보급하였으며, 전기승용차 941대, 전기버스 14대, 전기트럭 6대, 전기이륜차 498대 서울시는 2020년까지 전기차 12만대 보급을 목표로 관용차와 대중교통의 50%, 승용차의 10%, 화물 등 중대형차량의 1%를 전기차로 전환할 계획이다.

■ 전기 버스

서울시는 '09년 9월 현대중공업 · 한국화이바와 R&D 지원 및 개발보급에 관한 협약을 체결하고 1년 6개월 동안 순수 국내 기술로 연구 개발한 최첨단 친환경 전기버스를 '10년 12월부터 서울의 상징인 남산순환노선에서 상용 운행 중이다. 남산순환 전기버스는 전체길이 11.05m로 최고시속 100km까지 달릴 수 있으며, 1회 충전으로 최고 83km를 운행 가능, 급속충전시 30분 이내 완전충전 가능하다. 전기버스는 질소산화물 등 유해 배기가스가 전혀 없으며, 발전소에서 전기를 생산하는데 발생되는 온실가스를 포함하더라도, 대당 연간 40톤 이상의 온실가스 발생을 저감할 수 있다. 서울시에서 운행 중인 전기 버스는 '14년 현재 남산순환전기버스 9대, 서울대공원 4대, 에너지드림센터 1대 등 총 14대가 운영중이다.

■ 전기승용차 보급

서울시는 친환경그린카 확산을 위해 '09년부터 새로운 녹색교통 수단인 근거리 저속전기차(NEV)를 보급하기 시작했으며, '11년에는 에너지절감과, 교통량 감축 등 환경적, 경제적인 효과를 동시에 거둘 수 있는 고속 전기차를 보급. '14년 현재 총 941대의 전기차가 운행 중이다.

서울시는 차량을 "소유"에서 "이용" 개념으로 전환, "전기차 셰어링"을 도입함으로써 교통수요 관리와 친환경성을 접목하여 교통량 감소와 경제성(가계소득 개선 470만원/년간)의 효과를 달성하고자 한다. '14년 현재 4개 업체에서 540대의 전기차가 운행 중이다. 서울시는 공공부문과 카셰어링을 중심으로 전기차 보급을 확대하고 향후 민간부문으로 확대 보급할 계획이다.

[표 2-13] 전기 승용차 보급 현황

구분	계	공공부문			민간부문				
		서울시	자치구	공사공단	전기택시	카셰어링	복지법인	대여사업	민간보급
계	941	80	16	84	10	372	20	177	182
2009	5	5	-	-		-	-	-	
2010	31	31	-	-		-	-	-	
2011	36	17	9	10		-	-	-	
2012	262	10	4	31		184	20	13	
2013	328	7	1	7		180	-	133	
2014	279	10	2	36	10	8		31	182

■ 전기차 충전인프라 구축

서울시는 '09년 11월 지자체 최초로 저속전기차용 충전시설을 설치한 후 전기차의 본격 도입에 대비하여 '14년 현재 총 1,057기의 충전기를 설치했다 전기차 보급촉진을 위하여 전기차 1대 구매시 완속충전기 1대를 무상설치 지원한다.

[표 2-14] 서울시 전기차 충전 인프라 현황('14. 12월 현재) (단위 : 대)

구분	계	2009	2010	2011	2012	2013	2014
계	1,057	5	51	111	207	421	262
급속충전기	50	-	1	13	22	8	6
완속충전기	945	5	5	81	185	413	256
간이충전기	62	-	45	17	-	-	

※ 출처 : 서울시 친환경교통과

2.6 신재생에너지 확대

서울시는 2000년대부터 신재생에너지 관련 시설을 꾸준히 보급한 결과 전체 신재생에너지 생산량이 '03년 78천TOE에서 '13년 238천TOE로 3배 가까이 증가하고 있다. 그럼에도 불구하고 서울의 신재생에너지 생산량은 전국 신재생에너지 생산량의 2.4%에 불과하고, 서울시 에너지소비량 대비 1.5%로 매우 낮은 수준('13년 기준)이므로 지속적으로 보급 확대가 필요하다.

'13년 현재 바이오와 폐기물에너지 등 도시기반시설에서 생산하는 신재생에너지가 생산량의 92%로 대부분을 차지하고 있으며 태양광 2.9%, 연료전지 2.2%이고 지열 2.6%와 태양열, 풍력이 있다.

그러나 폐기물 및 바이오에너지는 매년 점차 감소하고 있으며, 태양광, 지열, 연료전지 등은 증가하는 추세이다.

- 폐기물, 바이오에너지 : 94%('11년) → 92.1%('12년) → 91.8%('13년)
- 태양광, 지열, 연료전지 : 5.41%('11년) → 7.42%('12년) → 7.75%('13년)

서울시는 에너지 소비도시에서 생산도시로 전환하기 위한 기반을 마련하기 위해 신재생에너지 등 분산형 전원 보급 확대를 통해 2.9%('13)에 불과한 전력 자립률을 높이며, 신재생에너지 보급 10%를 목표로 하고 있다.

이와 관련하여 태양광은 '03년 0.1%에 불과하던 것이 '13년에는 2.9%로 급격히 증가했으며, '원전하나줄이기' 정책의 일환으로 태양광 시설을 적극적으로 도입하고 있기 때문에 태양광 비중은 앞으로 상당히 증가할 것으로 보인다.

2.6.1 태양에너지 정책

태양에너지는 자연에서 무제한 얻을 수 있는 친환경 에너지로서, 온실가스 배출 감축효과, 발전에 따른 유해물질 배출 감축 등 기후변화 대응이나 환경문제 대응에 최적의 에너지원으로 각광받고 있다. 서울시는 도시전체가 태양광 발전소인 햇빛도시를 건설하기 위해 태양광 시설 설치와 제도적 지원에 역점을 두고 추진한다.

■ 공공시설 태양광 설치

서울시는 공공기관이 선도적으로 신재생에너지를 확산시키기 위해 '06년부터 서울시 및 시 산하기관, 25개 자치구 공공시설에 태양광 보급 사업을 추진해 왔다.

[표 2-15] 공공시설 태양광 설비 설치 현황

	2006	2007	2008	2009	2010	2011	2012	2013	2014	합계
개소	2	4	36	40	66	18	27	33	32	258
용량 (kW)	310	255	1,221	1,020	1,170	298	666	747	402	6,089

2006년 뚝도아리수정수센터에 300kW 규모의 태양광시설을 설치하여 청계천유지용수 공급 전원으로 이용하는 것을 시작으로 2013년까지 서울 월드컵 공원(150kW)과 서울 월드컵 경기장(100kW), 잠실야구장(50kW) 등 총 257개소에 7,035kW를 추가로 설치했다.

또한 250개 이상 설치된 태양광시설의 효율적이고 체계적인 시설관리를 위하여 공공시설 태양광 통합모니터링 시스템을 단계적으로 구축 · 운영 중이며 '13년에는 시 산하 공공시설 61개소에 설치된 2,207㎾의 태양광시설, '14년에는 50개소 3,081㎾ 태양광 시설에 대해 통합 모니터링 시스템을 구축 완료하고 운영 중이다.

257개 중 소규모 태양광(10kW미만) 39개소 207kW는 구축대상에서 제외하고 잔여 태양광시설은 '16년까지 단계적으로 완료할 예정이며 태양광 통합모니터링 시스템 구축으로 각 현장에서의 금일발전량, 누적발전량 등의 데이터를 실시간으로 수집 및 관리할 수 있게 된다.

미국 샌프란시스코의 과학아카데미와 Moscone Center는 친한경 신재생 에너지 사용의 우수한 사례로 일찍이 자연에너지의 활용등 친환경요소를 이용을 선도하고 있다.

친환경 건물 방문캘리포니아 과학아카데미

① 캘리포니아 과학 아카데미

- 미국 그린빌딩위원회에서 LEED 플래티늄 등급 부여
- 리모델링을 위해 철거한 건물자재의 90%를 재활용
  - 사용한 철재의 95%는 재활용 자재임
- 건물 사무실의 자연채광 및 자연통풍 최대화
- 단열재의 68%가 재활용된 청바지 원단을 이용
  - Living Roof(캘리포니아 과학아카데미 옥상에 설치한 공원 지붕)
- 주변 공원과의 경관을 맞추기 위해 옥상을 둥근 형태로 만들고 녹지 및 60,000여개의 태양광전지를 설치
  - 박물관 총 에너지 소비량의 10%인 213,000kW/h 에너지 발생, 405,000 파운드의 온실가스 배출 방지 효과
- 빗물 흡수를 최대화해 강우량의 급격한 증가로 인한 하수도에 대한 부담 최소화
  - 98%의 빗물 흡수 : 연간 1,363만 리터 흡수
- 효과적인 지붕관리를 위해 강우량, 태양열, 풍향, 풍력, 온도 및 습도를 기록하는 장비 설치
  - 기록된 데이터를 바탕으로 통풍 및 채광을 위해 자동으로 창문을 개폐해 실내공간을 쾌적한 상태로 유지

Living Roof (주변경관과의 어우러짐)

옥상 위 태양전지판

배수 통로 (자갈)

지붕 상태 기록장치

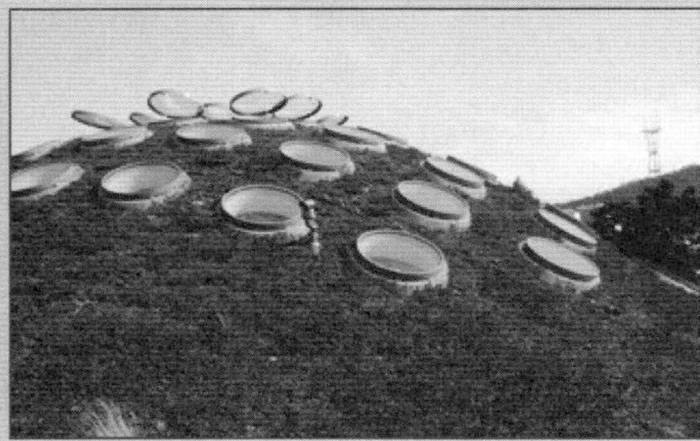

자동개폐식 창문

[그림 2-17] 캘리포니아 과학아카데미

② Moscone Center

- 샌프란시스코 시내에 위치한 컨벤션 센터로 최대규모의 태양광시설을 옥상에 설치
  - 전체 컨벤션 센터의 에너지 사용량 중 약 5% 생산
    - ▸ 약 60,000평방피트에 달하는 면적에 설치

태양 전지판(약 5,000여개 설치)

지진에 대비, 전류관을 부드럽게 제작

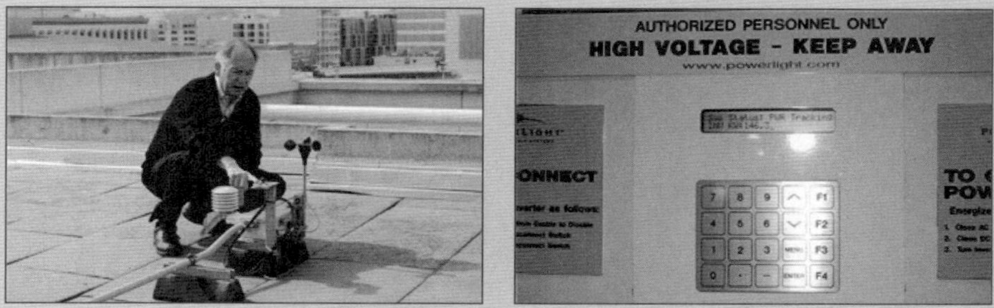

환경 측정기구
[온도, 습도 등 측정, 자동으로 측정량을 중앙 관리센터로 전송]

태양광 발전량

[그림 2-18] 샌프란시스코 모스코네센터

■ 태양광 미니발전소 설치

서울시의 주택 태양광 지원 사업은 정부에서 2004년부터 추진한 주택사업과 연계하여 '08년부터 추진해오다 '11년부터는 자체적으로 시행하고 있다.

서울시내 주택태양광 보급 가구 수는 '04년 3가구를 시작으로 '14년까지 10년 동안 3,552가구로 증가했다. 특히, '12년 원전하나줄이기 정책 추진과 더불어 최근 3년간 주택 태양광을 설치한 가구 수는 2,369가구로 전체 가구수의 66.7%를 차지할 정도로 급격하게 증가하고 있다.

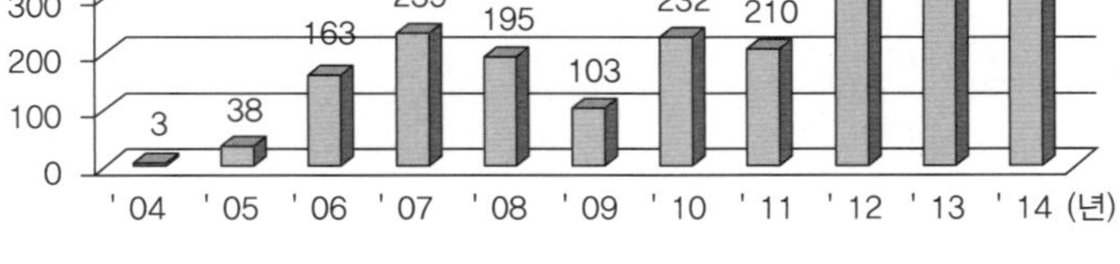

[그림 2-19] 주택 태양광 설치 가구수 변화

[그림 2-20] 발코니 미니태양광

밀집도가 높은 서울의 특성상 시민의 70% 이상이 아파트와 같은 공동주택에 거주하고 있다. 그러나 기존 주택 태양광 발전시설은 단독주택 옥상에만 설치 가능하고, 설치공간도 약 25㎡ 정도로 많이 필요했으며, 한번 설치하면 이전하기 어려워서 공동주택에 적용하는데 한계가 있다. 이런 문제점을 보완하여 아파트의 발코니에도 설치 가능한 '미니 태양광 발전시설'을 2013년부터 처음으로 시범도입(설치비용의 반값을 서울시에서 보조)하고 있다.

공동주택에 거주하는 가정에서도 쉽게 설치가 가능하도록 가전제품화한 미니 태양광을 개발하여 보급함으로써 시민들에게 에너지 소비자에서 에너지 생산자로 기회를 제공하고, 친환경 에너지에 대한 관심을 유발한다.

미니태양광은 베란다 거치용과 일반주택 옥상용 등이 있다. '13년 시민평가단 100가구를 모집하여 시범사업을 추진했다. '14년에 1,777가구 총 420kW 규모를 보급하고, '18년까지 약 4만 가구(10MW) 보급할 계획이다. 미니태양광은 모델에 따라 한 달에 15kWh~24kWh의 전기를 생산하는데, 260W급 태양광 미니발전소를 설치할 경우 양문형 냉장고가 소비하는 전력량만큼(연 200kWh 정도)을 생산하게 되며, 전기요금 누진세 구간에 따라 연간 6만원에서 21만원까지 전기요금이 절감될 수 있다.

■ 민자유치 태양광 발전 시설 설치

태양광 발전사업은 대규모 부지와 투자 재원을 필요로 하기 때문에 서울시는 태양광 보급 확대를 위하여 햇빛발전이 가능한 시 소유 모든 건물 및 부지를 제공하고 민간은 시설 투자 및 유지관리 하는 방식으로 추진해왔다.

암사아리수정수센터

암사아리수정수센터

강서농수산산물 도매시장

[그림 2-21] 민자 태양광 발전소 설치 시설 사례

서울시는 2012년 10월 한화큐셀코리아, 에너지나눔과 평화 등과 민자 태양광 발전시설 투자유치 업무협약을 체결함으로써 '14년에 민간자본으로 암사, 광암, 강북아리수정수센터, 서남물재생센터 등 20개 공공시설에 태양광 발전시설(21.8MW)를 설치했다.

[표 2-16] 2013년 민자 태양광 발전소 설치 현황

위 치	시설용량	준공일자	건설비 (전액 민자)	사업시행사
암사아리수정수센터	5,000kW	2013.7.30	137.5억원	OCI,에너지나눔과평화
강서농수산물 도매시장	1,191kW	2013.9.10	29.7억원	한화큐셀코리아
수서차량기지	675kW	2013.10.21	18억원	OCI
광암아리수정수센터	810kW	2013.12.30	22억원	OCI
도봉 차량기지	700kW	2013.12.30	17.5억원	한화큐셀코리아
2호선 구의역	200kW	2013.12.30	5.2억원	(사)에너지나눔과평화
2호선 건대입구역	100kW	2013.12.30	2.6억원	(사)에너지나눔과평화
2호선 구로디지털단지역	100kW	2013.12.30	2.6억원	(사)에너지나눔과평화
중랑 물재생센터	700kW	2013.12.30	20.7억원	한화큐셀코리아
서남 물재생센터	2,995kW	2013.12.30	88억원	한화큐셀코리아
군자 차량기지	1,000kW	2013.12.30	24.9억원	OCI
계	13,471kW		368.7억원	

협동조합이나 기업 등과 연계하여 시민참여형 발전사업을 지속적으로 추진하고 경제성이 미흡한 소규모 건물이나 30kW이하 발전 사업은 국비나 시비로 시행한다.

그 외 민간부문 보급 활성화를 위해 사업비 융자금 확대 및 부지 임대료 대폭 인하, 서울형 FIT 지원 확대 등 지원 정책을 추진하고 있다.

(예시) 설치비 60%→ 80%, 임대료 kW당 25천원→ 20천원, FIT kW당 50원→ 100원

민간은 '03년~'14년까지 5,625개소 38.2MW 설치, '18년까지 규모를 확대해 보급 예정이다.

독일 프라이부르크는 중앙정부에서 설치하려던 원전을 반대하고 시민들이 대안으로 신재생에너지와 친환경교통을 솔선하여 세계적 친환경 도시로 잘 알려져 있다.

프라이부르크 태양광 주택단지

- 소재지 : Sonnenschiff, merzhauser strase 183 79100 Freiburg〈www.solarsiedlung.de〉
- 주요시설 : 회전태양주택(Heliotrop), 태양광주택단지(Solarsiedlung)

〈회전태양주택〉

- 1994년 Rolf Disch 건축가에 의한 설계
- 태양의 움직임에 따라 회전가능
- 용도 : 주거용뿐 아니라 특별한 건축사무실
- 구조 : 외벽의 한쪽측면 3중 단열유리
  ※ 겨울 : 유리면이 태양으로 향함
  여름 : 단열효과 높은 벽이 태양열 차단
- 옥상 : 태양광 발전용 패널(태양의 방향에 맞춰 움직임)
- 컨셉 : 모든 방향의 자연적 자원을 유지(보관)

〈태양광 주택단지(Solar siedlung)〉

- 미래의 집은 상상이 실현될 수 있음을 보여줌
  공동체, 도시, 지역의 고정된 한 부분이며 편안한 주거의 높은 수준과 함께하는 많은 사회적 삶뿐 아니라 재생에너지 사용을 위한 통합적 개념을 제공

• 자연적 재원들은 구조적으로 재료, 물, 에너지시스템과 관련이 있고 거주자들은 심미적 디자인, 비용절감, 대중교통, 자전거, 도보 등 생태적인 시스템들을 이용

Heliotrop

Solarsiedlung

[그림 2-22] 프라이부르크 신재생에너지

• 베히레(Bachle): 프라이부르크 소규모 물길(수로)
  - Dreisam 강으로부터 물 공급
  - 13세기부터 건설된 중요한 Land Mark
    ▸ 화재예방에 기여, 홍수방지, 신선한 바람
    ▸ 차가 없는 zone에 위치
    ▸ Tram(전철)길 인근에 배치
    ※ 도로의 위험요소로 지적되기도 함
    ▸ 규모 : 너비 약 50cm, 총 연장 15km

Bachle

Bachle와 전철

[그림 2-23] 프라이부르크 도로상 수로

■ 학교 태양광 발전 사업

학교는 대부분 남향이며 옥상구조가 간단하여, 일조시간이 길고 공사가 용이하므로 태양광 발전사업의 최적지다. '14년 말 기준 서울지역 초 · 중 · 고 및 특수학교는 1,345개소로 학교의 50%정도만 100㎾ 용량의 태양광 발전시설을 설치해도 67㎿ 확보 가능하다.

'14년 말 기준 태양광 설치 또는 허가를 받은 학교는 총 173개교(6,488kW)이며, 이 중 발전사업 허가를 받은 20개소(1,473kW) 중 13개소(925kW)는 설치 · 가동 중이며 7개소(548kW)는 설치 중이다. 또한 신축 또는 증개축에 따른 신재생에너지 공급의무화에 의해 태양광을 설치한 학교는 153개교(5,015kW)이다.

서울시는 서울지역 학교태양광 발전사업의 활성화 및 참여 유도를 위하여 학교 에너지 진단이나, LED 전구 교체 등 다양한 정책 사업을 태양광 발전사업과 병행하여 추진할 계획이며, 학교 태양광 발전사업의 가장 큰 문제점인 학교 부지 임대료 인하를 위한 조례 개정 등 제도개선도 병행할 계획이다.

■ 서울형 햇빛 발전 지원 제도

서울시는 햇빛도시 서울의 정책방향 및 소규모 태양광 발전사업 활성화를 위해 서울형 햇빛발전 보조금 지원을 확대하고 있다. 2012년부터 정부에서 추진하던 발전차액지원제도(FIT)가 폐지되고 의무할당제(RPS)가 시행되어 신재생에너지공급인증서(REC) 가격 및 수요변동이 생김에 따라 태양광 사업의 불확실성이 높아졌다.

특히, 서울지역은 낮은 일조시간, 고층빌딩 등으로 인해 발전량은 적은 반면, 임대료는 높아서 발전 원가가 상승하는 등 햇빛발전 여건이 타지역에 비해 열악하다 따라서 서울시는 태양광 발전사업 지원을 강화하기 위해 서울형 발전차액지원제도를 도입하게 되었다.

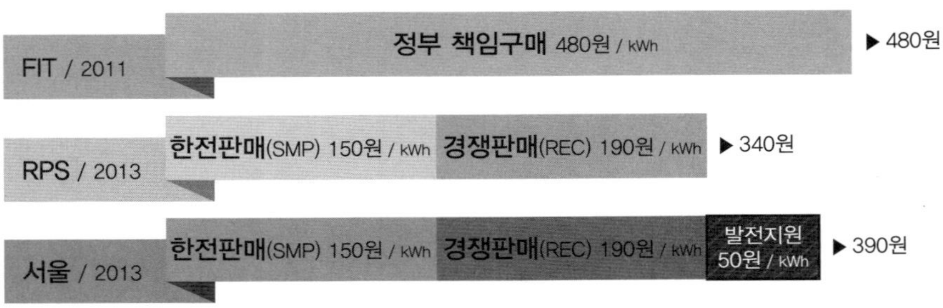

[그림 2-24] FIT, RPS, 서울형 발전차액 지원에 따른 전기판매 비교

〈참고자료〉

- 발전차액지원제도(FIT : Feed-in Tariff)
  - 개념 : 신재생에너지에 의한 전기의 거래가격이 정부가 고시한 기준 가격보다 낮을 경우, 그 차액을 지원하여 투자의 안전성을 높임
  - 지원방법 : 사업개시 후 15년간 고시된 가격으로 정부가 의무구매
  - 시행기간 : '02년 ~ '11년

- 의무할당제(RPS : Renewable Portfolio Standard)
  - 개념 : 일정규모 이상의 발전사업자에게 총발전량 중 일정량 이상을 신재생에너지로 공급하도록 의무화하는 제도
  - 시행시기 : 2012년부터 시행(발전차액 지원제도 폐지)
  - 대상기관 : 한전 발전자회사 6개사(중부, 남부, 남동, 동서, 서부, 한국수력원자력), 지역난방공사, 수자원공사, 포스코에너지, SK-E&S(주), GS EPS, GS파워, MPC율촌 등 13개사
  - 연도별 의무비율 : '12년 2% → '22년까지 10%로 확대

연도	'12	'13	'14	'15	'16	'17	'18	'19	'20	'21	'22
의무비율(%)	2.0	2.5	3.0	3.5	4.0	5.0	6.0	7.0	8.0	9.0	10.0

  - 발전사 매출액 = 전력생산량(계통한계가격(SMP)+REC가격×가중치)
    * SMP(System Marginal Price): 전력거래소 또는 한전에서 의무적으로 시장가격에 따라 매입
    * REC(Renewable Energy Certificate): 공단입찰(상하반기 두 번) 또는 대규모 발전사업자와의 수의계약을 통해 판매

지원대상은 일반건물 50kW이하, 학교시설 100kW이하의 '12년, '13년 태양광 발전사업자로 지원금액은 kWh당 50원씩 5년간 지원한다. '15년부터는 100원으로 지원금액 확대한다.

서울형 햇빛발전 보조금은 발전량과 연동하여 지급되며, 현재까지 총 83개소 110,560천원 (누적용량 2,467kW) 지원했고 전국에서 유일하게 소규모 태양광 발전사업자를 지

원해주는 '서울형 햇빛발전지원' 제도는 2013년 4월 전국 최초로 시행되었다. 경기도가 이를 벤치마킹하여 '14년부터 소형 태양광발전사업자를 지원하는 '경기도형 FIT(발전차액지원제도)'를 도입(지원대상 50kW이하, kWh당 50원씩 3년간 지원)한 바 있다.

■ 기타 햇빛 발전 확대 정책

햇빛발전 협동조합은 에너지 절약의 중요성을 인식하고 화석연료나 원자력보다는 재생에너지를 사용하고자 하는 사람들을 주축으로 설립된 공익적 기업이다. 주로 공공기관이나 학교 옥상 등을 임대하여 10~15년간 태양광발전소를 운영하고 그 수익으로 조합원 사업, 지역사회 사업 등에 사용하는 것을 주요내용으로 한다. 서울시는 태양광 발전사업을 위한 시유지 제공, 신재생에너지 공급 인증서 판매 지원, 발전시설 설치비 융자 지원 등을 지원하여 2014년 기준 우리동네햇빛발전협동조합 등 12개의 햇빛발전 협동조합이 설립되어 운영 중이다.

서울시는 햇빛지도 시스템을 운영중이다. 햇빛지도(http://solarmap. seoul.go.kr/)'는 서울 곳곳의 태양에너지 잠재량과 태양광 입사 에너지를 지도상에서 확인할 수 있어 태양광 발전에 참여를 원하는 발전사업자 및 시민들에게 길잡이 역할을 한다. 햇빛지도는 서울지역 모든 건물과 주택의 옥상을 대상으로 태양광 발전시설 설치가능 여부와 발전용량, 비용절감액, 발전사업에 따른 수익 등을 알려주고 지도화면을 통해 서울 전역의

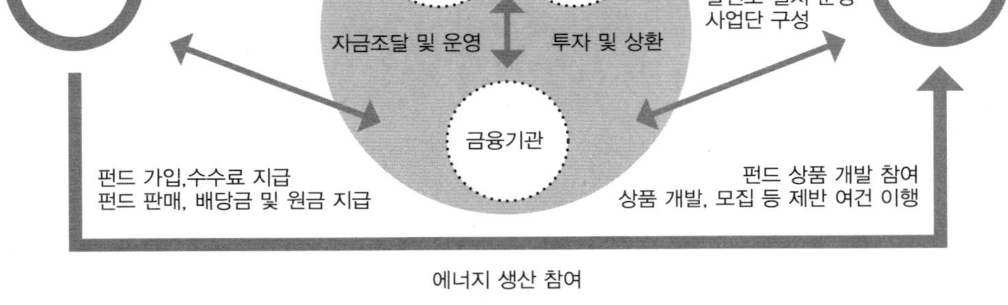

[그림 2-25] 시민 펀드조성 체계도

공공시설에 설치된 태양광발전시설의 발전현황 정보를 제공한다.

서울햇빛발전소 시민펀드 조성도 추진한다. 시민이 에너지 생산과 수익의 주체가 되고 일부 수익금은 에너지빈곤층에 기부함으로써 에너지 자립과 나눔을 동시에 확산할 수 있다. 서울시는 공공부지를 제공하고 연 4% 이상의 수익률을 보장하는 펀드를 통해 태양광 발전소를 건설할 비용을 시민들에게 모금하는 방식이다.

지역주민과 시정부가 힘을 모아 자발적으로 생태적인 주거단지를 만든 곳의 예로 캐나다 브리티시 콜롬비아주 빅토리아에 있는 독사이드 그린과 동계올림픽 선수촌으로 준비한 밴쿠버의 우수사례를 들 수 있다.

친환경 Dockside Green Project

- 개　　념 : 최고등급의 에너지 효율 기준에 맞춰 도시내 건물과 시스템을 계획하는 탄소제로형 도시 개발 프로젝트
  * 북미의 가장 혁신적 및 지속 가능한 개발 프로젝트 중 하나로 수변 중심 개발 프로젝트
- 비　　전 : 미래에 있어 사회적, 생태적, 경제학적 면에서 인류와 생태계 모두의 건강과 웰빙 증진
- 사업개요 : 캐나다 빅토리아 지역 내항에 위치한 舊공업단지 부지(약 12만㎡)를 탄소제로 복합단지로 재개발하는 프로젝트
- 사업면적 : 120,777㎡
- 사업규모 : 5억CDN$(한화 약 5,600억원)/26개 빌딩/2,500여 거주인구 등

[주요 내용]

- 단지 조성시 탄소발생저감 고려
  - 기존 시가지의 평면적 확산 지양
  - 고밀도의 생활요소들을 집중(주거, 직장, 커뮤니티시설을 근접)
  - 계획초기부터 LEED 최고등급 'Platinum' 기준으로 건물과 시스템 계획
- 자원 재활용 에너지 사용
  - 바이오매스 가스(목재 슬러지 이용)발전기를 이용하여 온수와 열 공급
    * 잉여 에너지는 인근에 판매

  - 폐수 · 하수(Wale Water)처리 공정 운영
    * 폐수 처리 공정을 거쳐 변기 용수, 경관 용수, 인공 폭포 등에 재활용
  - 옥상 녹화(건물 방향 고려)
  - 에너지 사용량 종합 모니터링이 가능한 인터넷 기반 시스템 설치(각 가정)
  - 태양열을 이용한 가로등 사용
  - 빗물 재활용 시스템
- 건물 분야 : Passive Design 적용(주거단지 LEED Platinum 등급 획득)
  - 'Passive Design'을 통하여 건물 에너지 사용량을 50% 내외 절감

[운영시스템]
- 대중교통 활성화(승용차 이용과 소유 억제)
- Car Sharing 프로그램 도입(전기 자동차)
- 수상택시이용
- 자전거 쉐어링 프로그램, 미니 버스시스템, 보행자 및 자전거 전용도로
- 주택과 주차공간 분리 판매 등

  * 클린턴재단, 미 건축가협회 환경위원회 등으로 부터 성공적인 프로젝트로 인정

[그림 2-26] 캐나다 독사이드 그린

Millenium Water(밀리니엄 워터) 벤쿠버 동계올림픽 선수촌

[프로젝트 개요]

- 개 념
  - 타 지역과 차별화 된『깨끗함』을 부각시키고, 주변지역에 어울리는 디자인, 설계·계획단계에서 지속가능성 원칙 채택
    ▷ 사회적 지속가능성, 경제적 지속가능성, 환경적지속가능성
  - 환경영향을 고려 주변 수변공간을 시민을 위한 활용공간으로 조성
- 비 전
  - 지역주민을 위해 소규모 공원·광장 등을 조성하여 지역 전체에 고르게 분산하고, 새로 조성된 "뉴타운"이 미래도시 사용계획과 설계에 줄 영향을 고려함
- 사업개요
  - 면적 : 137,000㎡, 인구 4,900명(가구수 2,811호)
  - 철강공장과 선박 수리장소로 사용되던 낙후지역을 수변을 따라 걷고, 자연을 느낄 수 있는 아름다운 "Millenium Water 친환경주거단지"로 조성하여 벤쿠버 최고의 지속가능한 도시로 개발
  - 동계올림픽 및 장애인 올림픽 빌리지로 사용 후 일반 시민에게 제공
    〈편의시설〉
    ▷ 커뮤니티 센터, 휴식 시설, 초등학교, 어린이 데이커어 센터, 방과후 데이케어 센터 등
    ▷ 보행자, 자전거도로 및 환승센터, 기타 상점 및 주민들 편의시설

[주요특징]

- 태양광, 지열, 하수열 등 신재생에너지를 이용하여 온실가스 감축에 기여
  - 에너지효율화를 적극 추진하여 거주지는 LEED(미국 친환경건물 인증시스템)의 Gold, 커뮤니티 공간은 Platinum로 평가 받음
  - 복사열을 이용한 난방과 냉방시설 운영으로 친환경적 기술 적용
  - 물의 재활용 시스템을 운용하여 물 사용량을 30~40% 절약
  - 하수를 이용한 에너지생산시설을 인근지역에 설치하여 난방과 온수를 제공

  * 에너지 생산시설에 시민들의 에너지 절약을 이끌어내기 위하여 "손가락을 연상시키는 5개 굴뚝"을 설치하여 에너지 이용이 낮은 시간에는 푸른색, 이용이 높은 시간에는 붉은 색으로 LED 조명

- 사회적 배려(노인층, 어린이 고려), 경제성 확보, 문화적 가치를 존중하는 지속가능한 커뮤니티를 조성
- 계획단계에서 도시계획전문가, 정치인, 개발사업자, 과학자, 엔지니어, 예술가들이 참여하여 다양한 관점에서 지속가능한 도시 조성 추진

※ 건물 Passive Design 활용

[활용방안]

- 최소화된 에너지소비와 편안한 온도로 실내 환경 개선
  - 태양광 최대 활용, 상대적으로 적은 비용 투자하여 높은 에너지 절감 달성

[기본개념]

- 낮 시간의 자연채광 극대화, 태양열을 통한 패시브 냉·난방, 외부공기의 자연스러운 순환을 통한 패시브 환풍, 주변 온도를 감안한 온도 조절로 주민 생활 최적화

[밀레니엄 워터 지역의 패시브 디자인 특징]

- 건물 외벽에 블라인드를 설치해 온도가 지나치게 올라가는 것 방지
- 발코니를 깊숙이 설치해 여름철 그늘 제공
- 에너지 효율성 제고를 위한 건물외피(building envelope) 및 단열 극대화
  * 건물 외피효과 : 습도 및 온도 조절을 통해 실내 환경최적화, 건물 수명 연장
- 교차 통풍 및 연못 조성을 통해 냉방효과로 온도 조절

[그림 2-27] 밴쿠버 밀리니엄 워터

분야별 특징

☐ 에너지 제로주택 개념 도입(Net Zero Housing)
- 올림픽 선수촌 내에 노년층을 위한 합리적인 관리비 가격 운영
- 연간 에너지 사용량 제로를 목표로 함
- 에너지 사용 감축과 열회수 및 재생에너지 복합 활용
- 난방으로 주변 영업장소로부터 회수한 폐열 사용. 지붕에 설치한 태양열 기술을 통한 온수를 사용해 건물에 필요한 나머지 에너지 공급

☐ 인근 에너지 생산시설 설치(Neighborhood Energy Utility : NEU)
- 다양한 재생에너지원으로부터 열에너지를 사용하고 공급하는 공동체 에너지 시스템
- 지역에 인접한 기존의 하수도에서 회수한 열로부터 에너지 공급
  (가까운 곳에서 열을 회수함으로써 효율성 제고)
- 올림픽 선수촌 모든 건물은 열에너지를 공급하는 지하관으로 NEU와 연결되어 있음. SEFC 32 헥타르(16,000주민 및 상업 기관)에 에너지를 공급할 수 있도록 설계
- NEU 3대 구성 요소 : NEU 에너지 센터, 공급관 시스템, 에너지 공급 스테이션

☐ 펄스 크릭 커뮤니티 에너지 센터(False Creek Community Energy Centre)
- LEED 플래티넘 골드 인증을 목표로 탄소발자국을 최소화하여 건축
- NEU의 지속가능성 및 혁신에 대한 관심을 고조하는 방향으로 설계
- 5개 굴뚝 설치 : 3개 – 천연가스 보일러 굴뚝, 1개 – 악취제거 시스템, 1개 – 비상 발전에 연결되어 있음. 각 굴뚝은 손톱모양의 LED 조명으로 그린에너지 발전량을 표시(재생에너지 활용)
  - 올림픽 선수촌 중 3개 건물 지붕에 태양열 시설 설치 : 태양열로 건물의 온수 공급
  - 태양열이 최고조에 달할 때 태양열 시스템은 여분의 열에너지 발전
    ▸ 열에너지 여분은 NEU를 통해 에너지 공급 스테이션으로 판매

☐ 물 관리 기본방향
- 빗물 : 옥상에 떨어진 빗물은 지하탱크에 저장해 화장실 용수 및 관계용수로 사용함으로써 저수지물 절약(약 40% 절약)

  * 벤쿠버 지역의 부문별 물 사용률
    - 화장실 용수 32%, 청소 28%, 정원 및 관계용수 20%, 가정(세탁 및 설거지 등) 16%, 음용수 4%

- 거리에서 씻긴 오염된 물은 습지에서 자연 정화

□ 옥상 녹화

- 옥상녹화의 5가지 주요요소
  - 뿌리 침투 방지층 : 식물 뿌리로부터 옥상 피해 예방
  - 배수층 : 필요이상의 물은 배수
  - 필터층 : 스톰워터 관리를 위해 식물로부터 미세입자가 씻겨 나가는 것을 방지
  - 높 이 : 최대 깊이 6인치, 최대한 오랫동안 최소한의 관리만 필요로 하는 물질 사용
  - 식물층 : 얕은 깊이에 적합한 식물 사용
- 옥상녹화의 장점
  - 도시 열섬현상 완화 및 건물 내부온도 적정 상태 유지에 도움
  - 옥상수명증가 및 도시의 사막으로 야생동물의 서식지 마련, 도시미관에 도움
  - 스톰워터 관리

□ 역사, 자연, 인간을 함께 고려한 설계

- 환경적으로 지속가능한 공동체를 조성하는 과정에서 역사적 유산을 고려
- 산업화 과정에서 손실된 서식지를 복원을 위해 Habitat Island 조성
- 스톰워터 하수관 등 스톰워터 처리 시설을 지상에 배치, 자연과 시민들이 어울릴 수 있는 공간 충분히 조성

□ 복사에너지 활용

- 천장의 복사에너지를 통한 냉난방 시스템 구축. 패시브 디자인의 특징과 함께 벽 온도 보호 극대화. 에너지 소비량 50% 감축
- 모세관 매트를 시스템을 천장에 설치. 온도가 낮을 경우 천장의 온도를 살짝 높여 방안 모든 물체의 온도를 올려 열에너지 전달 극대화

□ 에너지 소비량 측정 및 모니터

- 소비자들이 에너지 소비량을 인식할 수 있도록 에너지 어웨드(Energy Award) 시스템 운영

2.6.2 연료전지 정책

서울시는 2009년 7월 발표한 '2030 저탄소 녹색성장 마스터플랜'에서 2030년까지 연료전지를 총 신재생에너지 보급량의 48%인 700MW만큼 보급하기로 계획하고 있다.

연료전지 발전소를 도시철도, 정수장, 물재생센터 등 도시기반시설에 설치하면 대규모 정전사태 발생 시에도 필수적인 도시기능은 유지할 수 있으므로 분산형 연료전지 발전소를 도시기반시설에 설치하기로 관련 기관들과 협의 중이다. 또한 연료전지 보급 활성화를 위해 관련 제도 및 법령 개정 또한 꾸준히 추진하고 있다.

[표 2-17] 연료전지 보급 현황

구분 / 합계	발전형(민자유치-포스코에너지)	가정용(정부 주택지원사업)	건물형	
			시 자체사업	민간분야
290개소 26MW	3개소 24.8MW (상계, 상암, 고덕)	285개소 285kW	1개소 100kW (어린이대공원)	제2롯데월드 800kW (400kW×2기)

현재까지 발전형 24,800kW, 가정용 285kW, 건물형 900kW로 총 25,985kW 보급하였고 연료전지는 설치면적이 적고 다양한 공간 적용이 가능해 대도시 적용이 용이하고, 저소음, 무공해, 도시가스ㆍ매립가스ㆍ석유ㆍLPG 등 연료의 다양화 및 화학반응 중 발생한 열을 활용한 열병합 병행 등의 장점이 있어 앞으로도 서울지역에 보급을 확대할 계획이다.

서울시는 도시기반시설의 유휴 부지를 이용한 연료전지 발전시설을 분산형으로 구축하기 위해 13개 신재생에너지의무공급 발전사의 투자유치를 추진하고 있다. 2013년 고덕차량기지 연료전지 사업자로 SK E&S㈜를 선정. SK E&S㈜는 연료전지 발전시설을 통해 인근지역 45,000가구(300kW/rkrn · 월)에 전력을, 90,000세대에 지역난방을 공급할 예정이다. '13년 9월 한국수력원자력, 한국지역난방공사, 서울도시가스, 포스코에너지와 공동사업개발협약을 체결하고 '14년 8월 사업추진 특수목적법인인 노을그린에너지㈜를 설립하여 월드컵공원 폐기물시설부지에 20MW급 연료전지 발전 사업을 추진 중이다. '15년에 신내차량기지, 서남물재생센터에 단계적으로 연료전지 시설 설치를 추진하여 '18년까지 시설합계 200MW 용량의 연료전지를 보급 할 계획이다.

2.6.3 폐기물 에너지

서울시는 폐기물의 위생적인 처리와 함께 폐기물의 에너지화 및 자원화를 통한 친환경적 처리를 추진하고 있다. 서울시 자원회수시설은 1996~1997년에 준공된 양천 · 노원자원회수시설과 2002년 초반부터 가동을 시작한 강남자원회수시설, 2005년 6월 가동개시한 마포자원회수시설, 2008년에 가동한 은평뉴타운 자원회수시설 등 5개소가 운영하고 5개소의 자원회수시설에서 발생하는 소각열은 지역난방 연료로 사용 중이다.

총 시설용량은 2,898톤/일이며 '14년 총 46,555,150kWh의 전력과 총 1,484,602Gcal의 소각열을 생산해 자체사용 및 지역난방으로 공급하고 한전에 판매하고 있다. 노원 및 강남 자원회수시설 내 SCR 촉매탑 3기 운영에 소각열을 재활용하는 설비를 갖추어 LNG 2,945㎥를 절약한다.

2.6.4 바이오 에너지

■ 생활하수 가스

서울시는 중랑, 난지, 탄천, 서남물재생센터의 하수슬러지에서 발생하는 소화가스에

[표 2-18] 서울시 자원회수시설 폐기물에너지 설치 현황(2014)

시 설	위 치	부지 (㎡)	용량 (톤/일)	증기터빈 발전용량 (MW)	에너지생산량	
					총 전력생산량 (kWh)	총 발생열량 (Gcal/년)
양 천	목 동 900	14,627	400 (200×2기)	2.2	11,877,300	203,466
마 포	상암동 481-6	58,435	750 (250×3기)	5	34,677,850	470,216
노 원	상계동 772	46,307	800 (400×2기)			312,407
강 남	일원동 4-1	63,813	900 (300×3기)			454,850
은 평 (뉴타운)	통일로 1053	8,511	48 (48×1기)			43,663
에너지생산량 합 계					46,555,150	1,484,602

※ 출처 : 서울시 자원순환과

[표 2-19] 물재생센터 시설 현황

구 분		계	중 랑	난 지	탄 천	서 남
위 치			성동구 자동차 시장 3길 64	경기도 고양시 덕양구 대덕로 426	강남구 개포로 625	강서구양천로 201
부지면적		3,155천㎡	801천㎡	929천㎡	393천㎡	1,032천㎡
처리구역		431.92㎢	128.54㎢	79.94㎢	80.21㎢	143.23㎢
시설 용량	하 수	547만톤/일	171만톤/일	86만톤/일	90만톤/일	200만톤/일
	분뇨 · 정화조	10,500㎘/일	4,000㎘/일	4,500㎘/일	-	2,000㎘/일
차집관거		456㎞	183㎞	93㎞	89km	91㎞

※ 출처 : 서울시 물재생운영과

대하여 소각 처리하던 잉여 바이오가스와 소화조 가온용 바이오가스를 차량연료, 열병합발전 연료로 활용하는 사업을 추진한다.

서남물재생센터에서는 2009년 12월부터 소화가스를 메탄(CH4)으로 97% 이상 정제할 수 있는 설비(7,000Nm³/일) 설치하여 일일 평균 4,290Nm³ 생산하여 택시, 버스 등의 차량 250대에 공급한다. 또한 민간자본을 유치하여 소화가스를 연료로 하여 열병합발전시설(5.8MW; 3MW×1, 1.4MW×2, 가스 사용량 52,000㎥/일)을 '14년 말부터 가동하고 있다.

난지물재생센터에서는 2012년 2월부터 하수슬러지에서 발생하는 바이오가스를 이용해 전기와 열을 생산하고 일반가정에 공급하는 열병합발전시설(설비용량 3.1MW; 1.53MW×2)을 운영한다.

[표 2-20] 물재생센터 바이오에너지 생산현황 (단위 : ㎥/일, MWH ,천㎥/일)

구분	계		중랑		난지		탄천		서남	
	2013	2014	2013	2014	2013	2014	2013	2014	2013	2014
열생산	229,022	219,229	83,977	93,439	45,301	42,286	20,442	17,219	79,302	66,285
전기생산	20,843	14,164			20,843	14,164				
하수처리	1,581,648	1,486,401	484,447	465,359	208,717	194,419	284,239	271,187	604,245	555,436

※ 출처 : 서울시 물재생운영과

■ 음식폐기물 바이오가스

서울시에서 배출되는 음식물쓰레기는 음식폐기물 공공처리시설에서 사료화 및 퇴비화하거나 혐기성 미생물로 분해해 메탄가스를 생산한다. '14년 12월에는 중랑물재생센터의 바이오가스를 정제해 도시가스로 공급하고 있으며 음식물 처리시설 등에 대한 바이오가스 정제사업을 확대할 예정이다.

[표 2-21] 음식폐기물 공공처리시설 현황

시설명 (위치)	시 설 현 황 (1,358톤/일)				퇴비/사료 생산량 (톤/일)
	시설용량 (톤/일)	처리방식	운영주체	준공일	
동대문 (용두동)	98	바이오 에너지화	민간위탁(동대문환경 개발공사)	'10.12.8	전력생산 12,360kw/일
도 봉 (도봉동)	150	사료화	구직영	'01.9	14.4 (소맥피, 밀껍질 10%첨가)
서대문(난지물 재생센터내)	300	퇴비화	민간위탁 (이에이텍)	'99.3.2	23 (퇴비원료공급)
송 파 (장지동)	450	사료화 (음폐수소화가스)	민간위탁 (리클린)	'12.3.29	25 (단미사료)
강 동 (고덕동)	360	사료화	민간위탁 (나엔)	'00.5.31	27 (단미사료)

※ 출처 : 서울시 생활환경과

[표 2-22] 음식폐기물 바이오가스 생산현황

구 분	구 분	계	2011	2012	2013.10월	2014월
총 계	TOE	13,377	3,457	3,697	1,713	4,510
	가스발생량(m³/년)	21,385,363	4,253,502	5,270,569	3,294,825	8,566,467
	전력생산량(MWh)	10,493	5,790	4,448		255
동대문 환경자원 센터	가스발생량(m³/년)	11,784,781	3,786,444	3,644,226	동절기 미생물 사멸로 가동중지	4,354,111
	전력생산량(MWh)	10,493	5,790	4,448		255
송파(리클린)	가스발생량(m³/년)	9,600,762	467,058	1,626,343	3,294,825	4,212,536

■ 매립가스

마포구 상암동에 위치한 난지도 매립지에는 과거 15년(1978~1993)간 약 9,200만 톤의 폐기물이 무방비상태로 매립 · 처분되면서 매립가스 발생한다. 이에 매립가스 처리시설을 하늘공원 및 노을공원 상부와 비탈면에 120m 간격으로 설치했다. 난지도 매립지에서 발생되는 매립가스는 전량 포집되어 지역난방 열원으로 사용하고 있는데 상암동 주변 공동주택 8,705세대, 월드컵경기장 등 20개 건물에 난방열을 공급중이다.

[표 2-23] 난지도 매립시설 현황

위 치	매립기간	포집시설	가스활용(난방공급)
마포구 상암동 월드컵 공원 일대 (2,720천㎡)	'78.3 ~ '93.3 (15년간)	포집공 106개 이송관로 14.1km 소각로 2대	공동주택 8,705세대 월드컵경기장 등 20개소

월드컵공원 내 폐기물매립지는 2020년 이후 안정화 단계에 들어서서 매립가스 이용률은 점진적으로 줄어들고 폐기물 소각에 의한 소각열 생산량은 자원회수시설 운영기술 효율화로 생산량이 증가할 것이다.

2.6.5 풍력 · 지열 · 소수력

풍력발전은 서울시 환경 여건과 맞지가 않아 실용성과 효율성이 떨어지는 것으로 현재까지는 평가되었으나 새로운 기술이 개발된다면 다시 검토할 분야이다. 현재 하늘공원에 풍력발전기 5기가 설치, 한강주변 및 공원 등에 태양광과 결합된 소형풍력 가로등이 62기가 설치되어 신재생에너지 홍보용으로 활용하고 있다.

지열은 태양열의 약 47%가 지표면을 통해 지하에 저장된 열로 땅속의 온도는 대략 10℃~20℃정도이며 열펌프를 통해 냉난방시스템으로 이용한다. 서울시는 시민이 정부 주택지원사업으로 선정되어 지열 설비 설치시 '13년 서울시 보조금은 정부지원금의 10%로 보급된다.

소수력발전은 수력발전의 일종으로, 설비용량 3천kW 이하를 말한다. 소수력발전을 하기 위해서는 물의 낙차가 2m이상 되어야 경제성이 있어 상용발전이 가능하다.

2012년 노량진배수지(아리수 발전소)에 소수력발전설비 설치 검토 후 '13년 2월부터 '14년 1월까지 사업비 2,462백만원(국비 1,231. 시비 1,231)을 투자하여 설비용량 300kW(100㎾×3기)급 소수력발전시설을 설치 · 운영한다.

민간자본을 활용하여 물의 속도와 유수압을 이용한 소수력발전 사업을 서남물재생센터 등 4개 물재생센터에서 추진 중이다. 신재생에너지공급의무화제도(RPS)는 수력발전 설비용량 5천㎾이하만 지원하고 있다.

2.7 기후변화 대응 인프라

기후변화 문제에 효율적 · 체계적으로 대응하기 위해서는 법적 · 제도적 · 재정적 기반을 마련하는 것이 필수적이므로 서울시에서는 이를 위해 기후변화 전담 조직을 구성하고 법제나 재정을 확보하였으며 시민들에게 신속하고 유용한 정보를 제공하기 위한 기초 시스템을 구축하여 운영하고 있다.

2.7.1 기후변화 대응 전담조직의 구성 및 운영

국가 및 모든 지방자치단체의 공통적인 사항이지만, 기후변화대응 업무는 거의 모든 부서와 직 · 간접적으로 관련되어 있는데, 이렇게 다양한 부서에서 추진하고 있는 기후변화대응 업무를 종합적으로 조정하고 체계적으로 추진하기 위해서는 전담조직의 설치 · 운영이 반드시 필요하다. 이러한 이유로, 서울시는 전국 최초로 기후변화 전담조직을 설치하였는데, 기후변화정책의 일관성 확보 및 안정적 추진을 위하여 임시조직이 아닌 정규조직으로 설치하였으며, 기후 · 환경 · 기계 · 전기 · 전산 · 일반행정 등 각 분야의 전문가들로 팀을 구성하여 정책 추진의 전문성을 제고하였다.

서울시 기후변화 대응 전담조직은 10여년 동안 지속적으로 유지 · 관리되면서 기후변화 업무를 꾸준히 추진해오고 있으며, 여러 실국에서 추진하고 있는 기후변화 대응 업무의 컨트롤타워 역할을 수행하였다.

2.7.2 기후변화 관련 법제 정비

서울시의 자발적인 온실가스 감축노력과 기후변화 적응 업무를 좀 더 체계화하고 강력하게 추진하기 위하여 『서울시기후변화대응에관한조례』를 제정하였다. 서울시는 국가차원의 법률이 제정되지 않은 상태에서 2008년 9월 전국 최초로 기후변화대응조례를 제정하였는데, 상위 법률이 없다는 현실을 감안하여 온실가스 감축을 위한 강력한 규제보다는 공공기관이 솔선하여 선도하고, 서울시 온실가스의 80%이상을 배출하고 있는 건축 · 교통분야에서의 온실가스 배출 감축을 위한 여러가지 제도적 장치를 명문화하는 것을 주요 내용으로 하고 있다.

서울시 기후변화 대응조례의 주요 내용은, 온실가스 감축목표의 명문화와 5년 단위의 기후변화대응 종합계획 수립 및 연차별 시행계획 수립, 온실가스 배출량 산정체계 구축 및 온실가스 배출량에 대한 정보 제공, 온실가스 감축설비 투자 사업자에 대한 재정지원 등 인센티브 제공, 재정지원을 받은 사업자의 온실가스 감축 실적 보고, 건축 및 교통분야의 온실가스 감축을 위한 세부 조치, 기후변화로 인한 인적 · 물적 피해의 최소화를 위한 기후변화적응대책 수립, 기후변화 기금 및 기후변화대응 연구센터 설치 운영, 기후변화 공동대응을 위한 국가, 타자치단체 및 국제적 협력 도모 등이다.

서울시는 2013년 8월 1일자로 서울시 기후변화대응조례를 개정하였는데 기후변화 적응과 관련된 내용을 추가 시행하였다. 그 내용은 서울특별시장은 5년마다 기후변화관련 정책의 종합적이고 계획적인 추진을 위하여 5년마다 기후변화대응종합계획을 수립 및 시행, 서울시는 기후변화로 인한 장래의 다양한 환경현상으로부터 시민들의 인적 · 물적

[표 2-24] 기후변화 대응 전담조직 변천 과정

연 도	조직명칭
2005	• 맑은서울추진본부 / 맑은서울에너지담당관 / 지구환경팀(2005.9) 신설
2008	• 맑은서울추진본부 / 에너지정책담당관 / 기후변화팀(2008.1) 명칭변경
2009	• 맑은환경본부 / 기후변화기획관 / 기후변화담당관 / 기후변화 정책팀, 기후변화적응팀 기후국제협력팀, 승용차요일제팀
2010	• 맑은환경본부 / 기후변화기획관 / 기후대기과 / 기후변화팀
2012	• 기후환경본부 / 기후변화정책관 / 기후대기과 / 기후정책팀, 에코마일리지팀, 기후환경국제협력팀
2015	• 기후환경본부 / 기후변화정책관 / 기후변화대응과 / 기후정책팀, 에코마일리지팀, 기후환경국제협력팀

피해 등 부정적 영향을 최소화하여 지속가능한 발전을 유지하기 위한 대책("기후변화 적응대책")을 수립 및 시행, 기후변화영향 조사체계 구축, 기후변화 영향 · 취약성 평가를 실시 등 기후변화로 인한 영향평가 및 적응대책을 수립하도록 규정하고 있다.

아울러 2015년 조례개정을 통해 온실가스 감축목표를 2005년 기준 2030년까지 40% 감축하겠다는 목표를 정립한 바 있다.

해외 및 국내도시 감축목표

- (국내) 종전 정부목표와 같이 '20년까지 BAU 대비 30% 감축 (부산, 인천, 광주 등)
- (해외) 도시여건,배출추세 등 고려하여 기준년도 · 감축목표 자율설정
  - '90년 기준 : LA ('30년까지 35% 절감), 런던('25년까지 60% 절감)
  - '00년대초반 : 도쿄('00년 대비 '20년까지 25%),
리스본('01년 대비 '20년까지 20%)
파리('04년 대비 '20년까지 25%)
  - '05년대이후 : 뉴욕('05년 대비 '30년까지 30%),
벤쿠버('06년 대비 '20년까지 33%)
시드니('06년 대비 '30년까지 70%)

2.7.3 기후변화기금 조성 및 운용

서울시는 전 지구적 환경문제인 기후변화에 적극 대응하기 위해 2007년 10월 1일 전국 최초로「서울시 기후변화기금의 설치 및 운용에 관한 조례」에 의거 기후변화 기금을 설치하였다. 서울시 기후변화기금의 모태는 1992년 10월 14일 설치된「도시가스사업 기금」으로서 온실가스 감축, 신재생에너지 개발 · 보급 및 에너지 이용 효율화를 위한 안정적 재정 지원을 위해 기금 명칭을 기후변화기금으로 변경하고 사업범위를 확장하고 있다. 2014년말 현재 기후변화 기금 총 조성액은 996억원으로 기후변화기금은 신재생에너지 개발보급 및 온실가스 감축 등을 위한 사업을 지원하고 있는데, 2014년 운용규모는 614억원으로 건물에너지효율화사업, 민간주택 신재생에너지 보급사업, 태양광 시

민햇빛발전소 설치사업, 에너지자립마을 조성사업 등에 대해 융자 및 보조금을 지원하고 있다.

2.7.4 온실가스 인벤토리 구축

국가를 구성하고 있는 지방자치단체는 에너지 소비의 주체이자 온실가스의 주요 배출원이며, 에너지 생산과 배분의 주체로서의 역할을 수행한다. 또한 규제자와 개발 주체이자 시민의 소비 양식을 변화시킬 수 있는 촉진자로서의 역할을 수행해야 한다. 따라서 온실가스 직접 감축을 위한 노력과 감축 촉진을 위한 정책 개발의 노력이 요구된다.

온실가스 인벤토리는 과거 및 현재의 온실가스 배출원의 종류, 배출량 파악 및 미래 발생 예측을 통하여 실효성 있는 온실가스 감축대책을 추진하는데 기초가 되는 가장 기본적인 자료로서 서울시 '기후변화 대응에 관한 조례'제15조(온실가스 배출량 등 산정)에 실효성 있는 기후변화시책을 추진하기 위해 시내의 온실가스 배출량 등을 산정해야 한다고 명시하고 있다.

온실가스 배출량을 체계적으로 관리하고 규제하기 위해서는 배출원 목록인 온실가스 인벤토리 데이터가 잘 구축되어 있어야 한다. 서울시는 2010년 지역 특성을 반영한 서울형 온실가스 인벤토리를 구축하기 위하여 1990년부터 2008년까지 온실가스 배출량을 산정하였는데, 국내 · 외적 지침(2006 IPCC 가이드라인, 환경부 지자체 온실가스 배출량 산정 지침)을 최대한 반영하여 구축하였다.

서울형 온실가스 인벤토리가 구축된 이후부터는 해마다 자료를 추가 갱신하고 검증단계를 거쳐 지속적으로 관리하고 있는데, 통계 자료 수집 및 분석 특성상 2년간의 지체시간이 있으므로 현재는 2014년 7월에 수행한 2012년 온실가스 인벤토리까지 구축되어 있는 실정이다.

[표 2-25] 연도별 서울시 온실가스 배출량 (단위 : 천톤CO_2)

'90년	'91년	'92년	'93년	'94년	'95년	'96년	'97년	'98년	'99년	'00년	
44,983	44,465	47,571	46,424	46,582	49,655	50,889	52,183	45,882	47,858	48,336	
'01년	'02년	'03년	'04년	'05년	'06년	'07년	'08년	'09년	'10년	'11년	'12년
48,492	48,085	47,888	49,416	49,467	48,961	50,472	50,383	49,111	49,751	49,008	48,551

온실가스 인벤토리를 통해 각 부문별로 감축잠재량을 파악할 수 있는 기준배출량(Baseline)을 설정할 수 있을 뿐만 아니라, 저감잠재량 분석을 토대로 온실가스 감축목표의 근거를 마련할 수 있다.

온실가스 인벤토리 작성을 통해 부문별, 에너지원별로 세분화된 에너지 사용량을 파악함으로써 장기적인 에너지 관리계획을 수립한다. 또한 온실가스 감축 및 에너지 절약 사업 아이템 발굴 등을 통해 온실가스 감축 및 에너지의 손실을 예방할 수 있고, 에너지 원단위 개념을 토대로 가장 비용 효율적인 우선 순위 사업 평가에 활용할 수 있다.

국가차원의 국가 온실가스 감축 목표에 발맞추어 서울시의 온실가스 감축노력을 정량화하며, 정부를 비롯한 다양한 이해관계자와 자료를 공유한다. 또한 세계 기후 선진 도시들과 함께 적극적인 감축활동을 추진 할 수 있으므로 서울시의 글로벌 위상을 높일 수 있다.

국가, 타지자체, 시민, NGO 등에게 검증된 온실가스 관련 데이터의 제공 및 국제적 공개 자료로서 활용하고 있다.

2.8 온실가스 감축을 위한 시민참여 확대

서울시는 전 국민의 25%가 생활하고 있으며, 소비위주의 도시특성상 대부분의 온실가스가 건물과 수송에서 배출되고 있다. 따라서 서울시의 2020년 온실가스 감축 목표인 25%(2005년 기준)감축을 달성하기 위해서는 시민들의 인식개선과 함께 일상생활에서의 자발적인 온실가스 감축 실천이 매우 중요하다.

지구온난화로 인한 기후문제가 심각성을 더해가고 있는 시점에서 서울시는 기후변화의 심각성과 대응의 필요성에 대한 사회적 인식을 확산시키고, 온실가스 감축 운동에 시민들이 직접 참여하도록 유도하기 위하여 시민이 참여할 수 있는 온실가스 감축 프로그램의 개발 및 보급, 지원을 하고 있다.

현재 추진 중인 시민 참여 프로그램으로는 생활 속에서 온실가스 감축실천을 할 수 있는 에코마일리지 제도가 있다. 그 외 다양한 시민활동을 지원하고 있는데 저탄소 실천을 위한 범시민협의체인 「원전하나 줄이기 위원회」와「녹색시민위원회」에서는 지속적으로 시민들이 온실가스 감축을 위한 정책을 평가하고 참여하고 있다. 또한 학생들의 의식전환을 위한 교육 프로그램의 일환으로 에너지 수호 천사단을 구성하여 운영하고 있다.

서울시는 향후에도 온실가스 감축에의 시민참여를 확산시키기 위한, 보다 다양한 콘텐츠를 개발 · 보급하여 저탄소 시민실천운동을 활성화할 계획이다.

2.8.1 에코마일리지(Eco-mileage)

높은 인터넷 보급율을 기반으로 하여 시민들이 온라인을 통해 편리하게 참여하고, 에너지 사용을 줄여서 탄소를 저감해 나갈 수 있는 회원제 에너지 절감 온라인 시스템인 에코마일리지제를 구축하고 있다.

에코마일리지제는 기후변화의 주요 요인인 온실가스 배출량 감소를 위해 시민의 자발적 에너지 절감을 유도하고 절감노력에 대한 인센티브를 지급하는 프로그램으로 '09년 9월부터 추진하여 왔다. 개인회원(가정)과 단체회원(아파트단지, 학교, 사업장 등)으로 이원화되어 있으며 인터넷이나 가까운 구청 · 주민센터 등에서 가입 가능하다.

서울시는 가입자에게 검증된 에너지 절감실적을 제공하기 위해 에너지 공급회사인 한전, 도시가스회사 그리고 상수도사업본부와 업무협약을 체결하여 사용량 자료 공유하고 있다.

'10년부터는 에너지 절감회원에 대해 인센티브 지급하는데 기존의 방식과 차별화하여 현금 등과 같은 보상방법 대신, 가정이나 학교, 기업 등에서 지속적으로 에너지를 절감할 수 있도록 에너지 시스템을 효율화하는 방안을 지원하고 있다.

에코마일리지제의 인센티브는 회원(개인, 단체)이 전기, 수도, 도시가스 등 두 종류

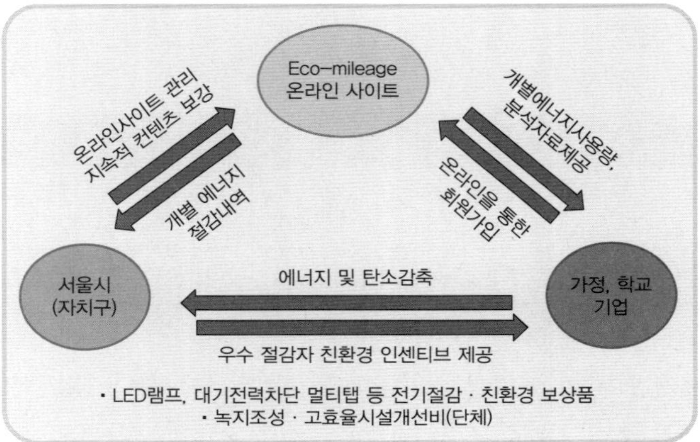

[그림 2-28] 에코마일리지제의 개념도

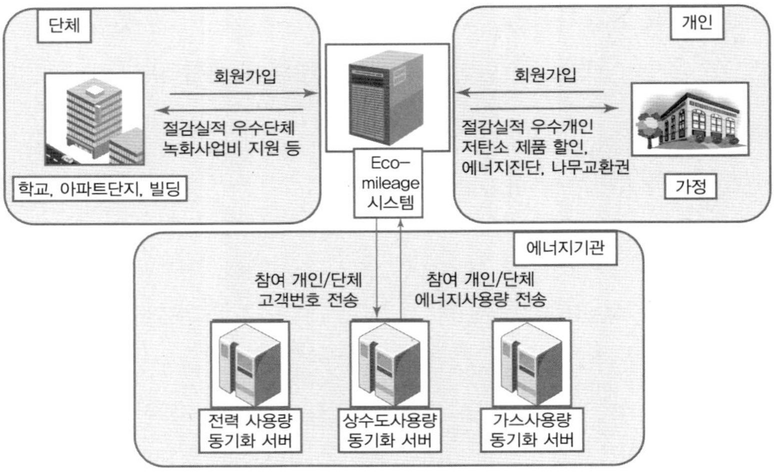

[그림 2-29] 에코마일리지 시스템 구축도

이상의 에너지 사용량을 6개월 단위로 이전사용량(직전 2년간의 같은 기간 평균사용량)과 비교하여 일정수준 이상의 에너지를 절약한 경우 지급한다.

가정은 10% 이상 감축시 최대 5만원 상당의 마일리지를 받는데 이는 친환경제품, 교통카드 충전권, 전통시장 상품권, 아파트 관리비 차감, 카드마일리지(에코마일리지카드 소지자의 경우) 적립 및 병원비 지불, 손해보험금 지불, 지방세, 기부(에너지 빈곤층, 사막에 나무심기) 등에 사용 가능하다.

단체는 10% 이상 감축한 건물 및 아파트단지를 대상으로 감축사례를 평가하여 감축실적 상위순으로 건물 또는 아파트단지 규모에 따라 에너지 효율화 시설 개선비용을 지원한다.

[표 2-26] 연도별 에코마일리지제 회원가입 현황 (단위 : 명)

구 분	2009	2010	2011	2012	2013	비고
누계회원 (증가회원)	121,127	362,132 (241,005)	500,101 (137,969)	691,605 (191,504)	1,419,856 (728,251)	
월평균 증가수	30,281	20,084	11,497	15,959	60,688	

에코마일리지제는 '09년 도입이후 회원수가 서서히 증가하다가 '13년에는 급격히 증가하여 '15년 12월 현재 회원수가 160만명을 돌파했으며, 도입 이후 총 약 67만TOE의 에너지를 절감했다.

[표 2-27] 에코마일리지제를 통한 에너지 절감 성과

구 분	합계	2010	2011	2012	2013	2014
에너지 절감량 (TOE)	662,888	-22,083	42,263	101,501	151,168	367,832

향후 에코마일리지제는 지속가능한 인센티브 확대, 우수회원을 에코리더로 선발하고 활동지원을 통해 자긍심 부여, 회원 한마당 축제나 우수 사례 시상을 통해 절약 생활화를 위한 분위기 조성 등 지속적으로 확대 보급할 계획이다.

2.8.2 다양한 시민 활동 지원

2.8.2.1 원전하나 줄이기 위원회 조직 · 운영

에너지 위기와 기후변화에 선제적으로 대응하기 위해 서울시에서는 원전 1기에서 생산하는 전력량만큼의 에너지인 200만 TOE를 절감하고자 『원전하나줄이기』사업을 '12년 4월부터 추진하고 있다.

서울은 고층화 · 고밀화된 대도시에서 인구가 밀집되어 생활하기 때문에 원전하나줄이기 사업은 시민들의 참여 여부가 성패를 좌우할 수도 있다. 따라서 원전하나줄이기에 대한 정책수립 · 운영을 위한 총괄 거버넌스 기구인 '원전하나줄이기 위원회'의 시민위원회(시장 당연직)는 환경 · 에너지 분야, 기업, 종교계, 교육계 등 각계각층의 의사를 대변할 수 있는 주요 인사 18명의 시민으로 구성된 최고 의사결정기구이다.

시민위원회 기능 및 역할

- 에너지 절감도시에서 생산도시로 정책 패러다임 전환 주도
- 원전하나줄이기 정책방향 결정
- 원전하나줄이기 사업계획 수립 · 변경승인 및 총괄 조정

또한 종합대책 실행 및 민 · 관 의사 소통 창구 마련을 위해 '원전하나줄이기 실행위원회'(시 간부 4명 당연직)를 조직했다. 5개 분과(총괄분과, 에너지 생산, 에너지 효율화 · 절약, 에너지 산업 · 일자리, 에너지 공동체 · 복지)로 구성된 실행위원회는 본회의 4차례와 주제별 분과위원회 모임을 5차례 개최하며 종합대책 추진상황을 주기적으로 점검하고, 구체적인 활성화방안을 모색한다.

실행위원회 기능 및 역할

- 원전하나줄이기 사업 전반에 관한 자문
- 사업계획 집행, 추진실적평가 사항
- 민간주도의 원전하나줄이기 사업 활성화 방안
- 사용 및 대부요율 산정에 관한 사항

원전하나줄이기 실행위원회에서는 정기적으로 연동계획과 성과를 평가하고 정책제안과 개선방안 등을 논의하고, 시민협력 및 자발적인 참여를 위해 토론회와 포럼을 개최하는 등 다양한 각도에서 원전하나 줄이기 활성화를 위해 지원한다.

2.8.2.2 녹색시민위원회

녹색 시민위원회는 서울의 지속가능한 발전을 위해 시민, 기업이 함께 시정에 참여하는 환경 거버넌스 기구로 '95년 11월에 설치된 정책자문 및 실천력(예산, 조직)을 갖춘 위원회이다.

- 당연직 : 6인(시간부)
- 위촉직 : 94인(환경에 대한 식견과 전문성을 가진 자 중 시장이 위촉하는 자)

구 분	총인원	시의원	시민단체	전문가	기 업	언론·법조	공익재단	시 민	당연직
9기	100인	5	35	29	12	7	2	4	6

조직을 보면 3인의 공동위원장(시장, NGO, 기업), 기획조정위원회, 4개 분과위원회로 구성되어 있다.

[표 2-28] 녹색 시민위원회 분과위원회 구성 및 역할

기후에너지분과(31인)	생태분과(18인)	자원순환분과(22인)	환경보건분과(23인)
-기후 · 에너지 관련 정책 자문 -환경교육 자문/실천 사업 추진 -환경관련 행사 추진	-환경보전기분계획 수립 및 자문 -생태계 · 물 · 도시농업 관련 자문 및 실천 사업 추진	-자원절약 및 재활용 관련 자문과 시민실천프로그램 개발 -녹색구매 관련 정책자문	-대기질 · 친환경 먹거리 자문 -유해물질 · 악취 · 소음, 방사능 관련 자문 및 교육

녹색 시민위원회에서 추진한 기후변화 대응 시민실천사업을 구체적으로 보면 가정방문 에너지진단 및 컨설팅인「에너지클리닉 서비스」를 20,052세대에 제공했으며, 글로벌 환경캠페인「지구촌전등끄기(Earth Hour)」에 총 656,948개소가 참여할 수 있게 하고 기후변화대응「지구의 날 기념 환경 음악회」를 개최(1,200명 참여)했다. 그 외 자치구에 그린리더 육성 및 온실가스 줄이기 홍보, 교육 등 온실가스 줄이기인 그린스타트(Green Start) 운동을 추진하고 있다.

2.8.2.3 에너지 수호 천사단

학생들을 대상으로 에너지 절약 및 온실가스 감축에 대한 의식 전환을 활성화시키기 위해 시교육청과 협조하여 서울시 소재 초등학생부터 고등학생까지 희망학생을 대상으로 학교 단위로 모집하여 에너지 수호 천사단을 조직하고 있다.

에너지 수호 천사단 학생들은 학교와 가정에서 에너지 절약 활동을 전개하고 지역 에너지 낭비사례를 모니터링 하는 등 에너지를 지키기 위한 활동을 수행한다. '12년에 조직되어 30개교를 시작으로 추진된 에너지 수호 천사단은 '13년에는 400개교로 늘었으며, '14년에는 557개교 24,664명이 에너지 수호 천사단으로 활동 중이다. '14년 수호천사단의 구성을 보면 초등학교 315개교 14,690명, 중학교 151개교 5,795명, 고등학교 91개교 4,179명이다.

CHAPTER 3

서울시의 기후변화 적응 정책

3.1 기후변화 적응 정책 방향

대도시는 많은 인구가 생활하고 있고 그에 따라 고층화된 건물이나 도로 등이 밀집되어 있기 때문에 기후변화로 인한 부정적인 영향을 크고 직접적으로 받을 수 있으므로 기후변화로 인한 피해를 최소화 시킬 수 있는 기후변화 적응정책을 수립하고 체계적으로 추진하는 게 매우 중요하다.

서울의 경우 2009년 기후변화 종합계획을 통해 전국 최초로 기후변화 적응정책을 수립하고 2010년 4월 시행한 "저탄소 녹색성장 기본법 시행령' 제38조(기후변화 영향평가 및 적응 대책 수립)에 의거하여 기후변화 적응대책 세부 시행계획(2012-2016)을 수립하여 추진하고 있다.

기후변화 적응대책 세부시행계획은 부문별 기후변화 영향 및 취약성 평가를 실시하고 그 결과를 토대로 서울시 특성을 반영한 맞춤형 적응대책이며 서울시는 기후변화에 의한 피해를 최소화하고 시민들이 행복하고 안전한 삶을 영위할 수 있도록 기후변화 적응 비전을 "기후변화 고도 적응의 기후환경 수도 서울"로 설정하고 재난 · 재해, 건강, 산림 · 생태계, 물관리 부문으로 나누어 목표를 설정하고 추진하고 있다.

기후변화 4개 부문의 목표는 "기상이변에 따른 자연재해로부터 안전한 도시 건설", "폭염, 감염병 등으로부터 시민 생명보호와 건강 증진", "기후회복력 확보 및 증진으로 건강한 녹색 도시 조성", "사람 · 물 · 자연이 공생하는 건전한 물환경 도시 건설"이며 서울시는 기후변화 고도 적응을 위한 비전과 목표를 달성하기 위하여 부문별 적응대책, 세부시행계획 및 세부 과제를 수립하고 행정기관과 시민 · 사업자의 협동체계를 구축하여 실효성 있게 추진 중에 있다.

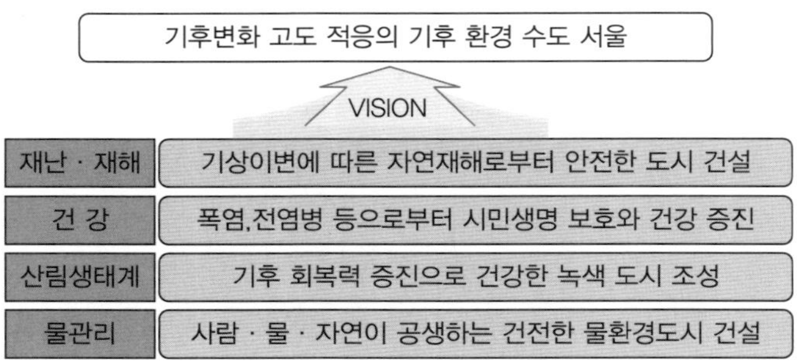

[그림 3-1] 서울시 기후변화 적응 대책 분야별 목표

[표 3-1] 기후변화 적응 세부사업 목록

부문	적응분야	단 위 사 업
재난 · 재해	풍수해 방재기능 강화	1-1. 안전도시의 제도적 기반 마련
		1-2. 주민참여에 의한 방재능력 향상
		1-3. 침수 취약계층에 대한 예방체계 구축 및 고충 최소화
		1-4. 재해 구호물품 관리 조달시스템 구축
		1-5. 폭설대비 신속한 방재체제 구축
	침수피해 저감능력 강화	1-6. 침수 취약지역 침수 방지대책 추진
		1-7. 빗물펌프장 및 저류조 확대로 입체적 수방체계 구축
		1-8. 하수관거의 체계적 유지관리
		1-9. 도로 침수재해 예방대책 추진
		1-10. 하천인접지 등 위험지역 정비 및 하천 통수능력 확대
	비탈면 재난피해 점감 방재기반 강화	1-11. 산림내 위험절개지 점검 및 정비
		1-12. 사면 전수조사 및 산사태 피해저감시스템 구축
건강	폭염(한파) 및 자외선 적응	2-1. 폭염 예경보 시스템 및 감시체계 구축
		2-2. 폭염 취약계층 보호 및 관리
	감염병 적응	2-3. 기후변화 대비 감염병 대응체계 구축
		2-4. 감염병 감시 및 관리강화
	대기오염 적응	2-5. 대기오염 예경보 발령 전파체계 강화 및 운영
		2-6. 대기오염에 따른 건강관리 강화
물관리	물자급능력 강화	3-1. 건강한 물순환 시스템 도입
		3-2. 지하수의 적절한 개발 · 이용과 효율적인 보전 · 관리
	수질개선 및 수생태 보전	3-3. 하수처리 재이용 및 중수도 시설확대
		3-4. 절수기기 보급개발을 통한 절수대책 강화
		3-5. 한강 및 지천수질의 실효성있는 대책마련
		3-6. 지천 생태하천 복원
산림 · 생태계	산림재해 예방 및 대응	4-1. 산림재해 예방사업 추진
		4-2. 산림기능 및 회복력 증진
	생물다양성 보전	4-3. 기후변화 취약종 모니터링 강화
		4-4. 생태계 보전 및 복원
	도시녹지기능 증진	4-5. 공원시설 수해예방 및 대응강화
		4-6. 도시녹지의 공익기능 증진
	도시농업 활성화	4-7. 도시농업 활성화

3.2 기상재해 대책

서울은 단기간에 이루어진 도시화로 인해 불투수층이 증가('62년 7.8%→'10년 47.7%)함에 따라 증발량 및 지하침투량, 중간유출량은 감소하고 표면유출량은 급증('62년 10.6%→'10년 51.9%)하여 도시형 홍수가 가중됐다. 또한 중간 및 기저유출량 감소로 지하수위가 저하되고 하천 유량이 감소하면서 하천 건천화가 진행되는 어려움을 가지고 있다.

집중호우나 태풍 등 기상재해로부터 안전하고 빗물이 선순환하는 건강한 물환경 도시를 건설하기 위하여 중앙집중식 수방시설(대형 저류시설, 하수관거 · 펌프장 증설 등)을 확충하고 분산식 빗물순환시스템을 도입함으로써 맞춤형 재난 · 재해대응 안전시스템을 구축하고 있다. 아울러 통수능 부족 및 노후 하수관로 정비 · 교체, 지하저류조, 빗물펌프장 등 배수시설 역량 확충, 지역 맞춤형 방재 시설물 설치 등으로 침수피해에 안전하고 쾌적한 도시환경 구현하기 위해 노력하고 있다.

3.2.1 빗물펌프장 역량 확충 및 최적화 시스템 구축

시민의 생명과 재산을 보호하고 도시기능을 안정적으로 유지하기 위하여 서울시의 내수배제를 전담하는 빗물펌프장 시설용량을 대폭 향상시키고 있다. '09년부터 '13년까지 10년 강우강도(75㎜/hr)로 되어있는 41개소의 빗물펌프장의 수방시설 설계 기준을 30년 강우강도(95㎜/hr)로 상향 조정하여 시설 능력을 확대하고 있다.

[표 3-2] 빗물펌프장 시설 능력 증대 추진 현황

년도별	계	2008년이전	2009년	2010년	2011년	2012년	2013년도
증설수량	41개소	사업방침 심의완료	2개소	7개소	20개소	11개소	1개소
집행액	2,824억원	-	569억원	1,068억원	720억원	419억원	148억원

앞으로도 향후 30년 강우강도(95㎜/hr)의 빗물펌프장을 '14년 10개소 증설하는 것을 시작으로 지속적으로 38개소를 신 · 증설하고 있다.

[표 3-3] 빗물펌프장 시설 용량 증대 추진 계획

년도별	계	2014년도	2015년도	2016년	2017년이후
증설수량	38개소	10개소	9개소	12개소	7개소
예산액	2,853억원	629원	496억원	1,256억원	472억원

빗물펌프장의 역량 확충 외에도 집중호우시 강우량에 따른 사전 예측 가동 등 펌프 가동 방법을 최적화한 프로그램을 운용함으로써 저지대 침수예방 및 펌프의 효율을 높이는 빗물 펌프장 최적화 시스템을 구축하고, 빗물펌프장의 전기설비를 이중으로 보강하여 예기치 못한 정전사고를 예방함으로써 빗물펌프장 상시 가동체계를 유지토록 하고 있다.

또한 배수펌프 등 방재설비에 대한 객관적인 평가기준을 마련하고 일몰년수를 도입한다. 개량 · 교체에 대한 우선순위를 정하여 연차적으로 안전예산을 투입해 시설물이 상시 기능 발휘에 문제가 없도록 추진하고 있다.

[그림 3-2] 빗물펌프장 시설 용량 증대 지점

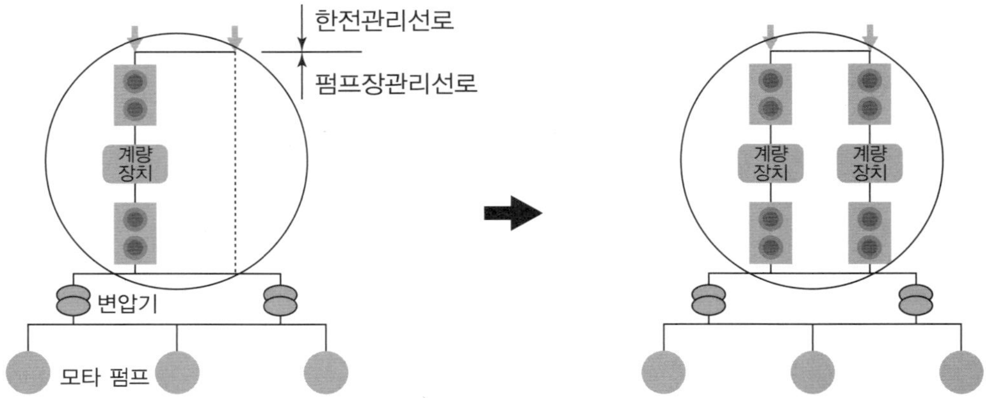

[그림 3-4] 빗물펌프장 수전설비 이중화

[그림 3-3] 빗물펌프장 전경(좌-장안 2동, 우-장안 4동)

3.2.2 우수유출 저감시설(지하저류조) 조성 및 확충

최근 지구 온난화 등으로 빈번해진 돌발성 집중 강우시, 빗물이 일시 저류되어 강우의 첨두 유출량(peak flow)을 저감시킴으로써 하도(하천 및 빗물이 집중되는 관로 포함)의 과도한 수위상승을 억제하고 저지대 침수와 홍수 피해를 예방하고자 서울시에서는 지하 저류조 시설을 확충하고 있다. '05~'13년까지 빗물 저류시설 24개소를 완료하였으며, 2020년까지 21개소를 추가로 설치하고 있다.

관악산 저류조 설치사업은 통수단면이 부족한 도림천 병목구간의 우안 지하에 콘크리트 박스를 설치, 하천의 단면을 확장하여 통수능력을 개선함으로써 하류부 침수를 예방

[그림 3-5] 관악산 저류조(서울대 내 버들골 저류조)

[그림 3-6] 신월 대심도 빗물저류시설 설치 계획

하기 위한 사업으로 '11년부터 '17년까지 서울대학교에 저류조 3개소 6만5천톤을 설치하고 서울대 내 버들골에는 2만톤, 공대폭포에는 5천톤의 저류조 완료 · 운영중에 있다.

서울대 정문앞 4만톤 저류조는 '17년 완공 예정으로 준공전까지 우기시에는 임시 운영 가능하다.

[그림 3-7] 제방 보강 사례(우이천)

3.2.3 대심도 빗물저류시설 설치

대심도 빗물배수터널은 일반 하수관과 달리 지하 깊은 곳을 지나기 때문에 이물질이 흘러들어 배수관이 막힐 염려가 적고 확장공사도 쉬우며 저류(저장)용량이 큰 것이 장점이다. 서울시는 최근 기후변화로 인한 국지성 집중호우가 빈번해짐에 따라 침수피해 저감대책의 일환으로 빗물배수터널을 설치하고 있다.

배수터널은 '13년 말부터 서울 강서구와 양천구 가로공원길 일대에 설치를 시작했는데 총 3.6㎞ 구간에 3개 빗물 유입 수직구와 3개의 기타 수직구(환기 수직구 등)를 만들어 지상이나 지선 수로 등에서 유입되는 빗물이 자연스럽게 터널로 흐르도록 한다. 보관 가능한 빗물의 양은 최대 32만톤이며, 비가 그치면 목동 유수지에 시공하는 빗물펌프장을 통해 안양천으로 방류하고 '17년 완공되면 상습 침수 지역의 피해를 최소화 시킬 수 있다.

3.2.4 하천제방 보강 및 유수장애 교량 재설치

하천기본계획에 따라 계획홍수위보다 낮거나 통수단면이 부족한 것으로 제시된 기존

[그림 3-8] 만초천 유수장애 교량 재설치 전 · 후

하천제방을 보강하고 물흐름에 방해가 되는 교량을 철거 후 재설치하여 치수안전성을 확보함으로써 수해를 사전 예방하고 있다.

우이천 등 13개 하천 중 홍수시 물이 넘칠 우려가 있는 제방 28km를 보강하고 물 흐름에 방해가 되는 노후 교량 12개소를 철거 후 하천 단면을 확대할 수 있는 설계로 재설치하고 있다.

'13년에 경의선 철도교량 밑의 공간이 좁아 한강로 일대 상습적 침수 피해의 원인이 되고 있는 만초천 철도교량을 콘크리트 박스형 교량으로 교체했다. 이로써 물이 흐르는 단면적을 기존 61㎡에서 127㎡로 넓혀 하천 흐름을 원활하게 함으로써 여름철 한강로 일대의 침수 피해도 크게 줄어 들었다.

3.2.5 하수관거의 체계적 유지 관리

짧은 시간에 많은 양의 비가 내리는 집중호우시 일시적인 배수불량이나 침수 등을 해소하기 위하여 하수시설물 지리정보시스템(GIS)의 정확도를 개선하고, 재난취약지역을

[그림 3-9] 하수관거 종합 정비 사업

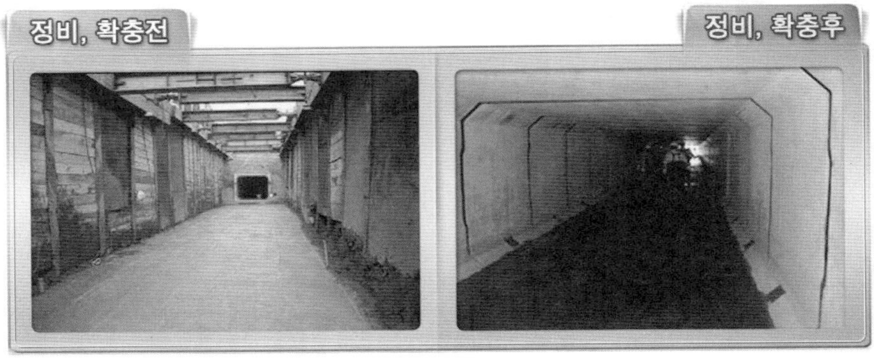

[그림 3-10] 하수관거 정비 전 · 후

중심으로 하수관거 용량을 배제능력 100㎜/hr 이상으로 보수하여 우천시 침수피해를 방지하고 침수안전도 향상시키고 있다.

하수시설물 지리정보시스템의 정확도 개선을 위해 신설 · 개량 등의 하수도 공사 내역 지리정보를 서울시 하수시설물 지리정보시스템에 제공하고 있다. 정확도 개선물량은 총 2,109km이며, '12년 270km를 시작으로 단계적으로 정확도를 개선시키고 있다.

노후 하수관거 보수 · 보강은 저지대 침수지역 등 수해 취약지역을 우선으로 추진하고 있다. 저지대 47개 배수분구 및 침수 피해지역 관거를 우선 개량하고 있다. '12년 85km를 시작으로 '21년까지 하수관거 총 1,227km를 정비하고 있다.

3.2.6 지하철 · 지하상가 수방대책

서울시는 여러 사람들이 이용하는 지하철이나 지하상가 등과 같은 지하공간의 출입

[그림 3-11] 지하철 수방대책 사례

[그림 3-12] 물막이판 출입문용(좌)과 창문용(우)

구나 환기구로 노면수가 유입하는 것을 방지하기 위하여 입구의 턱을 높이거나 물을 차단하는 문을 설치하고 있다.

수중펌프, 호스, 모래주머니, 천막, 방수판 등의 수방장비나 자재를 확보하고 비치하였으며, 기상예보나 특보 상황에 따른 단계별 비상 근무체계를 갖추고 비상상황 발생시 종합관제센터로부터 역, 현업사무소, 분소, 차량에 신속하게 상황을 전파하고 대피를 명령함으로써 침수 피해를 최소화한다.

3.2.7 지하주택 침수 방지

기후변화로 인하여 피해를 보는 취약지역을 최소화하기위한 방안의 하나로, 서울시는 하수 역류로 인한 저지대 지하주택의 침수를 해소하기 위하여 자동센서가 달린 펌프 등 침수방지 시설을 각 세대에 보급하고 있다.

[표 3-4] 지하주택 침수방지시설 지원 현황

구 분		단위	계	2007	2008	2009	2010	2011	2012	2013	2014
설치 가구		가구	50,068	2,658	1,885	1,822	3,272	9,347	13,604	9,068	8,412
설치	물막이판	개	35,695	-	-	-	254	7,423	12,194	7,911	7,913
	옥내역지변	개	102,535	-	-	-	-	19,235	40,901	24,207	18,192
	수중펌프지급	대	3,948	-	-	-	-	1,006	1,146	816	980
	수중자동펌프 (집수정)	개소	12,589	2,681	1,914	1,823	3,159	3,012	-	-	-

[그림 3-13] 종류별 옥내역지변

[그림 3-14] 지하주택 수중펌프 지원

특히, '07년부터 '14년까지 총 50,068세대에 침수방지시설(물막이판 35,694개, 옥내역지변 102,535개, 수중펌프 3,948대, 자동펌프(집수정) 12,589개소)을 지원하고 있다.

3.3 기후변화에 따른 질병대책

3.3.1 폭염 및 열대야 종합대책

폭염으로부터 취약계층을 보호하고, 폭염 발생시 피해를 최소화하기 위하여 체계적인 종합대책을 수립하고 신속하고 실효성있는 대응체계 구축하고 실시간 폭염상황 관리 및 전파, 폭염특보시 폭염대책본부 가동하고 있다 특히, 폭염 취약계층(독거어르신, 노숙인, 거동불편자, 쪽방촌 등)의 특별 보호를 위해 노력하고 있다.

폭염 취약시설물(전기, 가스 · 유류, 전동차 등) 안전 관리와 시민생활 불편 해소를 위한 수돗물의 안정적 공급, 정전사고 대비 대시민 홍보 등도 대책에 함께 추진된다.

■ 서울형 폭염 임계온도 고려한 정책

폭염은 임계온도(threshold temperature)를 넘는 날이 일정 기간 지속되는 것을 의미하는데 임계온도는 지역 특성에 따라 다르므로 맞춤형 폭염 대책을 수립하기 위해 서울시는 폭염 임계온도를 산출하고 있다. 1991년부터 2007년까지의 기온과 사망률 자료를 분석함으로써 폭염 취약계층(노약자, 심혈관계 환자)의 임계온도를 산출하였다. 일일 사망률에 영향을 미치는 임계온도는 65세 이상인 경우 일평균 기온 27.6℃로 나타났으며, 이 임계온도에서 일평균기온이 1℃ 상승하면 총 사망률은 10.7%(95% 신뢰구간에서 오차범위는 9.2~12.2) 증가할 수 있다.

심혈관계 환자는 임계온도에서 일평균기온이 1℃ 상승하면 사망률이 14.5% (95% 신뢰구간에서 오차범위는 11.6~17.4) 증가하는 것으로 추정된다.

기상청에서 운영하는 폭염특보제는 각 지역의 기후 특성을 고려하지 않고 전국에 일괄적으로 적용하기 때문에 서울시에서는 폭염특보제 외에 서울형 폭염 임계온도에 근거하여 전날 평균기온이 임계온도 이상이었고 당일 예보가 맑음일 경우에는 취약계층에 대해 폭염주의보를 내리고 대비책을 추진한다.

■ 신속한 폭염 전달 체계 구축

기상청에서 폭염 특보가 발령되었거나 무더위가 예상될 경우 서울시는 관련 정보의 신속한 전파를 위해 폭염대책 추진 관련부서의 비상연락망을 가동하고 자치구 폭염 담당자는 재난도우미에게 재난문자 서비스 제공한다.

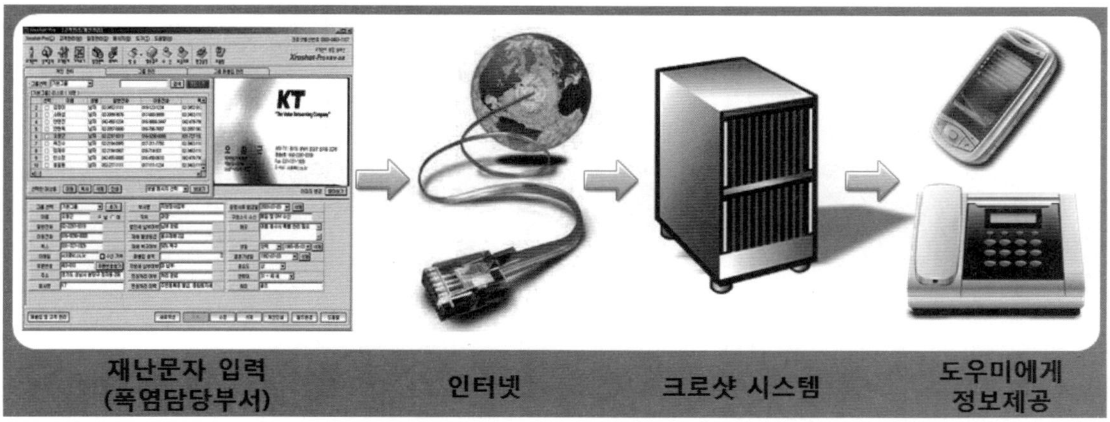

[그림 3-15] 서울시 폭염 전달 체계

[그림 3-16] 서울시 무더위 쉼터

재난문자 서비스를 활용하기 위해 재난도우미(6,075명) 비상연락망 DB 구축 하여 운영하고 있다.

■ 「무더위 쉼터(Cooling Center)」 운영

서울시는 폭염 특보시 폭염대책 추진부서와 재난도우미 등에게 상황을 전달하고 취약계층 보호를 위한 무더위쉼터를 운영한다. 「무더위 쉼터」는 폭염시 대피할 수 있는 장소로써 지역 특성에 맞추어 사전에 지정하고 체계적으로 관리하고 있다.

「무더위 쉼터」는 평소 폭염에 취약한 노인들이 자주 활용하고 쉽게 이동할 수 있도록 경로당이나 복지시설, 주민자치센터와 같이 주변에 위치한 장소를 활용하여 운영하며 「무더위 쉼터」지정 시설은 모두 에어컨을 완비하고 전기료 부족분 발생시에는 운영비에 포함 지원한다. 2014년 여름에는 2900여개의 무더위 쉼터를 지정 및 운영하였다.

[표 3-5] 무더위 쉼터 지정현황(2014년 현재)

무더위쉼터 지정현황(개소)				
합계	경로당	주민센터	복지시설	기타 관공서
2,903	2,361	405	134	4

무더위 쉼터는 주민센터나 보건소 등에서 운영하는 각종 여가활동, 복지지원, 건강관리프로그램 등과 연계하여 운영하고 각종 매체를 활용하여 주기적으로 무더위 쉼터 이

용방법, 위치 등에 대한 홍보활동을 추진한다.

특히, 「무더위 쉼터」는 열대야 발생 시 야간에도 사용할 수 있도록 밤 9시까지 탄력적으로 운영하고 폭염대비 행동요령, 일사병 등과 같은 폭염 질환 응급조치요령, 비상연락망을 비치하고 있다. 또한 폭염 도우미 등이 수시 방문하여 시민행동요령 설명 및 건강체크를 실시한다.

■ 폭염 취약계층(독거어르신, 노숙인, 쪽방촌 등) 특별 안전관리

폭염 발생시 6,075명의 재난 도우미(독거노인 생활관리사, 재가 관리사, 방문건강관리 전문인력, 재난부서 지정도우미) 등을 활용하여 폭염 취약계층에 대한 특별 건강관리를 하고 있다.

[표 3-6] 재난 도우미 구성 현황(2014년 현재)

총계	독거노인 생활관리사	재가관리사	방문건강관리 전문인력	재난부서 지정도우미
6,075명	790명	175명	361명	4,749명

※재난부서 지정 도우미 : 도시락 · 밑반찬배달, 생활안전거버넌스, 자율방재단 등

재난 도우미는 폭염 취약계층에 대해 상시 모니터링 및 안전을 확인하고 폭염특보 발효시 신속하게 상황을 전파하고 안전확인 및 집중서비스를 실시한다. 또한 폭염대비 행동요령 및 서비스 제공자에 대한 응급조치 교육을 받아 위급상황 발생시 응급조치 및 응급의료센터, 보건소, 병원 등으로 빠르게 이송 조치하도록 한다.

쪽방촌 거주자들에 대해서는 폭염특보 발령 상황을 확성기 등으로 신속하게 전파하고 활동 자제 및 휴식권고, 무더위 쉼터 이용을 유도한다. 또한 쪽방 상담소 내 휴게공간을 확보하여 피서지로 제공하고 쪽방 거주자에 대한 폭염피해 예방 프로그램도 운영한다.

자치구 사회복지과 등에서 국민기초생활수급자 및 차상위 계층 명단 확보나 지역사회 진단을 통한 대상자 발견 등을 통하여 방문건강관리 대상 가구와 대상자를 파악하고 폭염기간내 방문 건강 체크 또는 안부전화 등 순찰을 강화하고 간호사 방문을 통해 건강관리 지원한다.

자치구, 관계부처 및 민관기관의 복지서비스 인프라 적극 활용하여 폭염기간 중 건강상의 이유로 식사를 거를 노인들을 파악하여 무료급식 및 식사배달 서비스 제공하며, 노

숙인들은 폭염대비 대피장소를 지정해서 관리하고 주요 노숙지역은 집중 순찰 및 응급 구호 활동을 강화한다.

순찰 활동시에는 아리수를 제공하고 위기 노숙인은 대피장소 이동 및 병원 이송 조치하고 거리노숙인은 종합지원센터 · 일시보호소(5개소), 응급대피소(2개소), 급식소(1개소)를 이용하고 시설노숙인은 노숙인 자활시설(34개소), 재활시설(6개소), 요양시설(4개소) 이용하도록 한다.

■ 폭염 피해 응급 의료 체계 구축

보건소, 소방서 등과 연계하여 폭염 피해 응급환자 긴급 구조 및 응급의료체계 구축하고 폭염시 특별주간을 설정, 노약자, 독거노인 등 응급환자 발생시 신속하게 치료할 수 있는 체계를 운영하고 있다.

독거노인 상시모니터링(생활관리사, 가정도우미, 가정봉사원, 식사 배달인원 등)을 활용하여 폭염 발생시 안전 확인 및 순환 관찰 시행하고 독거노인을 위한 119안전시스템 홍보 및 지원 강화하기 위하여 소방방재본부(산하 자치구 소방서(23개서))와 연계하여 응급상황 발생시 구조서비스를 제공한다.

■ 폭염대비 국민 행동요령 · 건강관리 매뉴얼 보급 및 교육

취약계층이나 취약지역별로 폭염대응 매뉴얼을 제공하고 맞춤식 홍보를 추진한다.

일반 시민들에게는 기존 폭염대응 매뉴얼을 보완하여 홍보부채 등 다양한 형태의 홍보물을 배포하고 기후변화 적응 교육과 관련하여 지속적으로 교육을 실시하고 있다.

■ 공공일자리 무더위 휴식 시간제(Heat Break) 운영

폭염 특보 발령시 취약계층(65세 이상 노인, 건설사업장 근로자 등)을 대상으로 가장 무더운 오후 시간대(14시-17시)동안 휴식을 유도하며 폭염주의보 발령시 옥외근로자에게 휴식 및 음료수를 제공한다.

점심시간 등 이용 10분~15분 정도의 낮잠을 청하여 개인건강 유지, 폭염경보 발령시 야외작업 금지 및 오후시간 휴식 실시토록 하고 있다.

사업장 여건에 따라 기온이 높은 시간대를 피해 탄력근무를 실시할 수 있고, 공사장 내 · 외 별도의 휴식공간 마련 및 그늘막 등 설치하여 휴게실에 식염수 · 식수대 · 얼음팩 · 선풍기(에어컨) 등을 비치하도록 하고 있다.

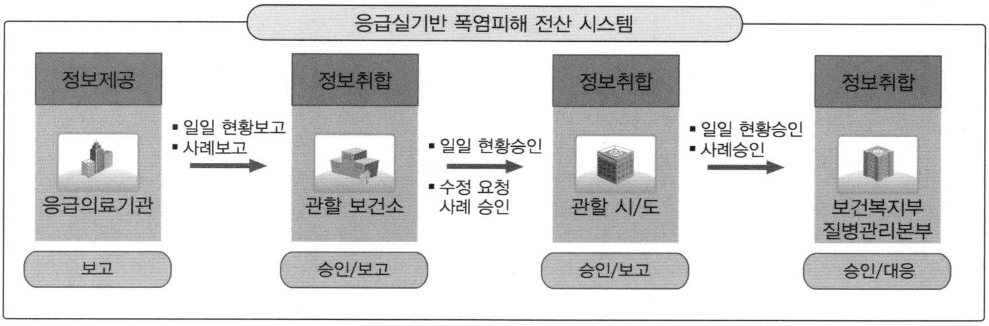

[그림 3–17] 폭염피해 전산 시스템

폭염대비 근로자 건강장애 예방조치 홍보 및 권유하며 특히 야외에서 장시간 근무시는 아이스 팩이 부착된 조끼 착용을 권고하고 있다. 실내 작업장에서는 자연환기가 될 수 있도록 창문이나 출입문을 열어두고 밀폐지역은 피하도록 한다.

사업장별 근로자 보호를 위해 식염수, 냉음료수, 냉방기 등 비치하며, 작업중 매 15~20분 간격으로 1컵 정도의 시원한 물(염분 포함) 섭취(알코올, 카페인이 있는 음료는 금물)하도록 하고 있다.

■ 폭염피해 감시체계 운영

응급의료기관 지정 · 운영 한다 총66개 응급실로서 응급의료센터이상 30개, 지역응급의료기관 24개, 종합병원응급실 12개, 협력기관 별도 : 25개 보건소 운영된다

질병보건통합시스템의 건강피해사례 일일보고 및 승인, 폭염으로 인한 온열질환자 현황 파악, 사례조사, 월별 보고서 및 보도자료 배포 등 긴급대응을 하고 있다.

3.3.2 감염병에 의한 피해 예방 및 관리

■ 질병정보 모니터 및 예 · 경보 체계 구축

① 매개곤충 및 설치류에 의한 감염병

모기관련 감염병에 대응하기 위해 지리정보시스템(GIS) 체계 구축, 모기예보제 실시, 감염병 관리사업 지원단 운영 등 선진적인 대응방안 체계를 확립하고 있다. 이는 우수한 사례로 발전단계에 따라 다른 도시에도 유용할 것으로 기대된다.

사계절 방역 체계의 확립과 모기를 매개로 하는 질병(말라리아, 일본뇌염) 관리를 위해 모기관리정보시스템을 구축하였으며, 이를 활용하여 모기서식지 관리, 모기 발생 지역별 밀도 등의 감시체계를 운영한다.

모기관리정보시스템에서는 모기유충 발생지역을 서식밀도에 따라 감시지역(빨강), 보통지역(파랑)으로 구분하여 표시하고 소독 의무대상시설(숙박시설, 아파트, 복합건물 등)과 빗물처리장, 하천의 물웅덩이 등 모기의 주요 서식지를 데이터베이스로 통합관리 한다.

모기서식지 정보로 모기밀도, 서식모기 종류, 성충의 분포 등을 파악하고 방제작업과 자치구 실무자 교육에 활용하고 있으며 모기 예보제는 서울지역 모기발생 상황을 지수화하여 모기발생 단계별 시민행동요령을 서울시 홈페이지를 통해 예보해주는 서비스이다.

모기 예보제는 모기가 주로 활동하는 4월~10월까지 시행. '14년에는 194회 실시하였고, 모기 발생 예보 단계는 총 4단계로 발령하는데 단계가 높아질수록 모기 발생 우려가 높다. 모기 예보 단계별 정의 및 시민행동요령은 다음과 같다.

1단계 (쾌적)	2단계 (관심)	3단계 (주의)	4단계 (불쾌)
지수범위 0-250	지수범위 251-500	지수범위 501-750	지수범위 751-1000

[그림 3-18] 모기발생 예보 단계

- 1단계[쾌적] : 모기서식처 없음, 모기의 활동이 낮음, 안전하게 야외활동을 즐김
- 2단계[관심] : 모기서식처 출현 시작, 모기공격 1~2마리 수준, 집안 방충망 파손여부 확인, 주변 고인물 제거 등
- 3단계[주의] : 모기서식처 일부 분포, 모기공격 4~5마리 수준, 야외활동 시 기피제 사용, 유충 서식지 보건소 신고 등
- 4단계[불쾌] : 모기서식처 많이 분포, 모기공격 7~10마리 수준, 야간활동 자제, 현관출입문 기피제 분사 등

정확한 모기예보제 운영을 위해 4월부터 11월까지 모기를 유인하는 조명인 유문등 54개를 각 자치구별로 2~4대씩 설치하여 주 1회 모기 채집하고 또한 일일 자동 모기 계측기인 DMS(Digital Mosquito System)를 구로구 32대, 영등포구 18대 설치하여 모기의 수량 및 지역적 분포 현황을 파악 한다.

[그림 3-19] 디지털 모기 계측기(DMS)

자치구별 모기의 종류, 발생밀도, 환경 및 예산 등을 고려하여 방역약품의 적용방법을 준수하여 계절 구분 없이 지속적인 방제 실시한다.

최근 기후변화에 따라 증가하는 신종 감염병 발생과 과밀화된 인구로 인한 감염병 확산을 선제적으로 대응하기 위해 민간전문가로 구성된 지원단인 감염병관리사업지원단을 운영한다.

감염병관리사업지원단은 서울시 감염병 대비 · 대응 자문 및 업무지원을 하는데 '14년에는 역학조사 교육(4회), 전문가 토론회, 감염병 역학조사 지원 및 모니터링(52회) 및 주요 감염병 발생현황 및 분석을 시행했으며, 감염병관리 지침을 개발(제1군~3군 감염병의 현황 및 진단, 신고기준 등) 현재는 서울대학교 의과대학에 설치되어 있으며, 민간위탁으로 운영된다.

② 수인성 및 식품매개 질환

최근 기후변화로 인하여 기온이 상승하면서 집단 식중독 환자의 발생이 빈번하게 발생하고 있으며, 겨울철에는 노로 바이러스에 의한 집단 설사환자 발생의 빈도가 증가하고 있다.

집단설사 환자 발생 시 보고체계 및 역학조사반 운영시스템 등은 감염병 관리체계에 의해 중앙 정부차원의 감시체계와 연계하여 실시하고 있다.

세균성이질 등 집단설사환자 조기 경보체계 운영(63개소)하고 감염성질환 발생정보 문자전송(SMS) 서비스 실시하며 응급실 감시체계, 감염전문가 네트워크 운영,

표본감시 의료기관 운영(447개소)등으로 피해를 예방하고 있다.

■ 홍보 및 교육체계

① 매개곤충 및 설치류에 의한 감염병

말라리아, 일본뇌염 등의 모기에 의한 질병 발생에 대한 홍보 및 교육 활동을 활발히 하고 있으며, 설치류 및 진드기 등의 매개체에 의한 질병 발생이 증가함에 따라 야외활동 시에 주의해야 하는 구체적인 행동요령을 제시하고 대 시민 홍보 활동을 시행하고 있다.

기후변화 관련 질환들이 이미 법정 감염병으로 지정되어 민간병원과 연계한 환자 발생에 대한 감시 및 보고체계들이 잘 이행되고 있으며 기후변화 관련 감염병 관리팀의 설치 · 운영으로 감염병에 대한 체계적이고 신속한 대응이 가능토록 하고 있다.

② 수인성 및 식품매개 질환

행락지에 대한 설사환자 신고센터를 설치 · 운영하여 행락객에 대한 관련 질환 예방요령을 홍보하고 환자발생 즉시 초기 대응 체제 유지를 위한 노력을 하고 있고, 범시민 손씻기 생활화를 위한 교육 및 홍보를 강화하고 있다. 또한 집단 급식시설 · 식품위생접객업보 종사자 등 보건위생 수준 향상을 위해 대형 급식시설 종사자 특별교육 실시하고 세균성 이질, 식중독 환자발생 예방 및 환자 발생 시 대처요령 숙지, 위생관리 수칙, 위생관리 수칙을 준수토록 하고 있다.

특히 TV와 라디오 등의 대중매체를 활용하여 홍보 및 교육(6월-8월)을 강화하고, 학교 등 단체 급식시설에 대한 조리 및 위생책임자에 대한 예방교육 등을 실시하고 있으며 보건소장이 관리 감독하도록 되어 있다

③ 염병 감시 및 관리 강화

집단설사환자 등 감염병 모니터를 위한 '질병정보모니터망' 운영하면서 병 · 의원, 약국, 복지시설 등 총 985개 시설 관리자로 구성된 모니터운영체계로 협력하고 있다. 합동 순회 점검반을 구성하여 학교급식시설 및 식자재 납품업체, 청소년수련시설, 대형 식품접객업소, 대형건물의 냉각탑수, 병원 등을 대상으로 교육청 · 위생부서 등과 관내 취약시설에 대해 합동 점검 한다.

감염병 발생시 발생 원인 조사 등 역학조사 활동을 강화하며『질병보건통합관리 시스템』운영, 역학조사반(26개) 구성 · 운영한다. 감염병 유행 또는 집단환자 발생시 역학조사반, 감염병 관리 기동반을 "감염병 관리 대책반"으로 확대 편성하여 비상운영(역학조사 전담 공중보건의사)하도록 하고 있다.

감염병 예보제 운영에 따른 시기별 감염병 예방홍보하고 대량의 환자 발생 시설 행정조치 강화 및 감염병 발생지역의 학교 보건교사, 보건의료인 현장교육 실시하고 있다.

3.3.3 홍수 등 기상재해 발생 지역 관리

■ 폭우대비 감염병관리대책 수립 및 사전점검

상습수해예상지역이나 과거 감염병 다발지역 및 상수도 시설 불비 지역 등 취약지역의 현황 파악하고 침수예상가구 · 수재민 수, 수재민 수용시설 확보 현황, 급수시설 현황(상수도, 간이급수시설, 우물) 등을 점검하고 공중 화장실 등 침수 시 오염예상 시설 파악하고 있다.

[그림 3-20] 방역 체계

① 재해대비 감염병관리 기동반 및 비축소독약품, 장비 확보

감염병관리기동반을 평상시 보다 증강 편성하고 수해지역에 상주하도록 하여 유사시를 대비하고 있다. 보건소에서 운영하며, 의사, 간호사, 임상병리사, 감염병관리요원, 행정요원, 운전기사 등으로 편성하고 살충 · 살균소독 인력, 장비 및 약품 확보하고 있다.

수해예상지역이 많아 인력 및 장비부족이 예상되는 보건소는 인근 자치단체, 유관기관 및 단체간 협력체계를 구축하여, 필요 인력이나 장비를 사전에 확보토록 하고 있다. 보건소별로 수해지역에서 소요되는 살충 및 살균 소독약품을 사전에 확보, 긴급상황 발생시 시 방역비축 약품 지원 요청토록 하고 이에 대한 대비를 하고 있다.

② 감염병 조기발견을 위한 의료기관 등 모니터망의 감시 활동 강화

병 · 의원 등이 의심환자 확인 즉시 보건기관에 신고토록 홍보를 확대하고 보건기관이 비치하고 있는 비상대응 휴대폰 번호를 관내 의료기관에 안내하며 집단급식시설 관리자에게 설사환자 확인시 신고 독려를 위한 협조체계 유지하면서 질병정보 모니터를 활성화한다.

지정된 질병정보모니터 요원의 임무숙지를 위한 교육 및 홍보전개하고 정기적 순회, 우편엽서, 유선확인 등으로 확인하여 기록유지하고 있다. 사전 교육 등을 통한 질병정보모니터 요원의 환자신고 철저히 홍보하고 관내 취약지역 관계자 등 자율감염병관리단과 유기적인 연락체계 구축하고 있다.

지역별 재해대책 본부 등 유관기관과의 유기적 협력체계 구축하며 사전 지역사회 의사회, 약사회, 민간 의료기관, 교육청 등과 긴밀한 협조체계 유지로 수해발생으로 인한 감염병 발생시 즉시 대처토록 하고 있다.

③ 수인성 감염병 등 예방관리 철저

수인성 감염병 등 예방관리를 위한 급수원 소독 및 관리 강화하며 상수도는 매일 측정하고 간이 상수도는 월 2회 이상 측정하는 등 소독상태 점검하도록 한다. 수해나 감염병 발생 우려시(유행시) 및 단수 또는 제한 급수시에는 소독기준을 잔류염소 0.4ppm 이상으로 하고 시설별 잔류염소량 측정결과 기준치 이하일 때에는 즉시 관계기관에 통보하여 시정 조치한다. 지역내 급수해결이 불가능할 경우에는

대체 급수원을 지정하거나 소방서 등 관계부서와 협조하여 급수차 동원토록 한다. 우물 등 급수시설의 침몰시에는 물을 퍼내고 염소 소독 후 안전을 확인하고 음용토록 관계 부서와 별도 대책을 추진 한다.

장티푸스 예방접종 확대 실시 및 보균 검사 실시하고 접종대상자 사전파악 철저 및 필요시 예방접종을 한다. 안전수 공급이 어려운 경우 수재민 대상 접종 확대하고 식품위생접객업소, 집단급식시설에 대한 보건위생교육 등 괄리를 철저히 한다. 수해지역 주민들에게는 주방용구 등에 대한 살균소독용 차아염소산나트륨제제 제공하며 살충 · 살균소독 강화한다.

화장실, 하수구, 쓰레기적치장 등 취약지역 살충 · 살균소독 순회 실시 및 수해지역, 수용시설 반복 소독 실시하고 하천은 범람한 물이 빠진 후 말라리아 매개모기가 서식하기 쉬운 물 웅덩이 제거 및 우사 · 돈사 등에 대한 모기방제활동을 집중 전개 한다.

④ 기후변화에 따른 응급의료체계 구축 · 운영

재난발생시 인명피해를 최소화하기 위해 응급의료체계를 구축하고 대응단계별 가동범위 및 매뉴얼을 구축하여 보다 효과적인 대응이 가능하도록 하였다.

재난규모에 따라 대응단계를 0~3단계까지 나누고 각각에 대한 활동을 수행하며, 재난발생 단계별 대응 매뉴얼을 통해 체계적이고 효과적인 응급의료 대처가 가능하도록 하고 있다.

3.4 기후회복력 증진

기후회복력(climate resilience)이란 ICLEI주관으로 매년 회복력(Resilience)관련해서 컨프런스를 개최할 정도로 중요한 분야로서 기후변화로 인한 위험 및 취약성을 인식하고 준비해서 그에 대응하는 선순환 구조를 만드는 역량이라고 할 수 있다.

자연친화적인 도시 녹지는 기온 저감 및 홍수 조절 능력과 밀접한 관련이 있으므로 폭염이나 열대야, 폭우 등의 기상재해에 대해 완충작용을 할 수 있다. 따라서 기후회복력의 개념은 다양한 분야에 적용될 수 있지만 산림 · 생태계 분야에서는 지속가능한 환경도시로 발전하기 위해 필수적이다.

1996년 지방자치제 이후로 천만그루나무심기등 본격적으로 환경친화적인 도시로 만들고 지속가능한 성장을 도모하기 위한 공원녹지 정책이 추진되고 있다. 초기에는 공원녹지의 양적 확충을 위한 정책들이 적극적으로 추진되었고 이에 상응하여 다양한 도시공원이 만들어졌고, 시간이 지나면서 시민들의 생활 환경과 삶의 질 향상을 중시하기 시작하면서 양적 확충 뿐 아니라 질적 확충을 위한 다양한 시도가 이루어지고 있으며 녹지정책에도 기후변화의 개념을 고려해 추진하고 있다.

3.4.1 대규모 공원 녹지 조성 및 확충

대규모 공원 녹지 조성 사업은 아스팔트와 콘크리이트 이었던 여의도광장을 공원화한 것 같이 공원화를 본격적으로 추진하기 위해 "공원녹지 확충 5개년 계획"이라는 도시녹화 마스터플랜을 수립하고 많은 지역을 공원화했고 또한 길동 생태공원, 양재천 자연형 하천, 샛강 생태공원 등도 조성하고 있다.

그 이후 "생명의 나무 1000만 그루 심기" 사업을 통해 실질적인 녹지량을 증진시키고 도시 녹지벨트를 조성함으로써 쾌적한 도시환경 건설에 노력하고 있다. 그린벨트 지역을 제외하고는 대부분 지역이 도시화된 서울시의 경우 대규모의 녹지를 조성할 수 있는 부지는 한정되어 있으므로 공공 부지나 민간부지의 매입을 통해 중대형 녹지 공간 조성하고 있다.

상암 월드컵공원과 쓰레기 섬이었던 난지도에 월드컵경기장을 끌어들임으로써 공원조성에 집중 시너지 효과를 발휘하고 정수장을 공원화해서 선유도 공원을 만들었고 뚝섬 정수장을 공원화해서 서울 숲을 만들고 드림랜드 부지를 매입해서 북서울 꿈의 숲 조성했다.

[그림 3-21] 서울시 여의도 광장 공원화 전 · 후

[그림 3-22] 월드컵공원(좌)과 북서울 꿈의 숲(우) 전경

3.4.2 생활권 녹지 330만㎡(100만평) 늘리기

서울시민1인당 공원면적이 16.37㎡로 타 선진도시(뉴욕 14.76㎡, 베를린 22.13㎡)에 비해 면적이나 녹지율이 낮은 편은 아니나 대부분 외곽산악형으로 분포되어 있어 북한산, 관악산 등을 제외한 생활권 공원 면적은 5.03㎡에 불과한 실정이다.(WHO 권장기준 9.0㎡)

기온저감 및 대기질 개선 효과 외에도 시민들의 삶의 질 향상을 위해 서울시는 도심, 주거지역 등 생활권내 공원 녹지를 확충하고 있다. 2008년까지 공원 녹지를 146만㎡ 조성, 2009년에는 94만㎡를 추가하여 240만㎡를 조성, 2010년까지 330만㎡ 확보하므로 온실가스 흡수원으로서의 역할도 하는 생활권 녹지 330만㎡는 한해 2,100tonCO_2의 온실가스 저감효과를 기대하고 있다.

[그림 3-23] 푸른수목원(좌)과 봉제산 공원(우)

[그림 3-24] 도심 속 작은 숲(좌)과 공개 공지 작은 숲(우)

3.4.3 도심 속 작은 숲 조성 프로젝트

지역별 공원 녹지 편차를 해소시키고 저비용으로 10분이내 생활권에 녹지를 조성하기 위하여 도심 속 자투리땅이나 공터 등에 소규모의 숲이나 정원을 조성하는 1000개의 숲, 1000개의 정원 프로젝트를 추진하고 있다. 편백나무숲, 자작나무숲, 소나무숲 등 키 큰나무 위주로 특색있게 조성하고 시민단체나 기업이 함께 참여할 수 있는 나눔형 숲 조성하고 있다.

2018년까지 2,104개의 숲과 정원이 형성되면 현재 4.03%인 공원 소외지역이 2.77%로 줄어들게 된다.

3.4.4 도시 녹화를 위한 그린 커뮤니티 활성화

시민 참여를 확대시키고 도시 녹화를 위한 그린 커뮤니티를 활성화하기 위하여 옥상녹화 · 텃밭조성 사업을 비롯하여 학교 공원화, 아파트 담장 허물기, 도시구조물 벽면녹화, 그린웨이 조성 등을 추진하고 있다. 옥상녹화 · 텃밭조성 사업은 도심지역의 부족한

[그림 3-25] 도심 작은 숲 조성 프로젝트 추진 계획

에이스테크노타워

헌법재판소

시청 별관

한국화학시험연구소

[그림 3-26] 옥상녹화 · 텃밭조성 사례

녹지공간을 확보하기 위한 인공대지활용이라는 측면과 함께 지상녹지면적을 더 확보하기가 어려운 도심에서 녹지량을 확대할 수 있는 대안이다. 따라서 도심내 공공 및 민간 건물 옥상에 생물서식 공간 및 시민휴게공간을 조성하여 도심열섬 완화 및 도시미관을 개선하고자 한다.

옥상녹화, 텃밭조성 사업의 활성화를 위하여 녹화가능 면적이 65㎡ 이상이면서 옥상 공원으로 접근성이 양호하고 이용객 수가 많은 건물을 대상으로 구조안전진단을 실시하고 옥상 공원화 조성 공사비를 차등 지원한다. 옥상녹화 · 텃밭조성 사업을 통하여 2002년부터 2014년까지 시청별관 등 661개소를 대상으로 286,260㎡의 녹지를 조성하였다.

노원 상천초등학교

노원구 극동아파트

[그림 3-27] 학교 공원화 및 아파트 열린 녹지 조성 사업

옥상녹화 · 텃밭조성 외에도 학교나 아파트의 노후 담장을 철거하고 주변에 녹지 및 휴게공간을 조성하여 지역 주민들과 녹지 공간을 공유함으로써 지역의 그린 커뮤니티

[그림 3-28] 도시 구조물 벽면 녹화

[그림 3-29] 보행자 중심의 그린웨이 조성

공간을 창출하는 학교 공원화 및 아파트 열린 녹지 조성 사업도 추진하고 있다.

또한 가로변의 녹지율을 높이고 도시경관 향상을 위하여 가로변 도시 구조물 벽면에 덩굴성 식물을 식재하고, 보행자 중심의 그린웨이(green-way)를 조성하고 1999년부터 2014년까지 160,553m의 녹지 확충하여 왔다.

그 외에도 시민 참여형 도시녹화를 선도하기 위하여 다양한 캠페인을 추진하고 있으며, 현재 1,221개 커뮤니티가 활성화되어 일상생활 공간에 지속적으로 녹색공간을 확충하고 있다 지금까지 705,400명의 시민이 참여하여 738만 그루의 나무와 1782만 본의 꽃을 심어 왔다.

[그림 3-30] 시민 참여형 도시 녹화

[그림 3-31] 청계천 복원 전(좌)과 후(우)

3.4.5 수계 조성

녹지와 더불어 도심의 수계는 바람길 조성과 도시 기온 저감에 큰 역할을 하므로 서울시에서는 하천 복원 및 도심속 친수 시설을 확대 추진한다. 2020년경에는 서울의 모든 하천을 청계천과 같은 테마형 생활하천으로 변모시키고자 모든 하천에 물길이 회복될 수 있도록 「건천 제로화」를 추진하며, 물이 흐르지 않는 16개 하천의 단계별 물 확보 방안을 수립하고 성북 · 정릉천 등 기존의 복개하천을 복원하며, 죽은 하천을 살아 숨 쉬는 자연하천으로 변화시키고자 한다.

대표적인 하천 복원 사업인 청계천 복원사업은 중구 태평로 입구에서부터 성동구 마장동 신답철교에 이르는 약 5.84km 구간에 대해 복개구조물을 철거하고 청계천을 새로운 도심하천으로 복원하려는 정부 주도형 공공사업이었다. 청계천 복원 사업은 2003년 7월에 착공하여 2005년 9월에 완공되었는데, 하천복원 후 지표 근처 평균 온도는 약 0.4℃에서 최대 0.9℃까지 감소하였으며 청계천을 따라 바람길이 형성되었다.

서울시에서는 계곡수 및 지하철역사 · 한전 · 통신구 등에서 발생되어 하수관이나 하천 등으로 방류되는 유출 지하수를 활용하여 지속적으로 친수 시설을 확대 한다.

3.5 기후변화와 물환경 관리

최근 들어 더욱 빈번해진 홍수와 가뭄으로 하천 유입량과 유출량의 변화가 야기되어 물이용에 있어서 불편함을 초래할 수 있을 것으로 전망됨에 따라 물의 관리방식 뿐 아니라 수자원 관련 인프라 시설의 기능과 운영에도 변화가 필요함이 인식되고 있다.

건강한 물순환 시스템 도입으로 물 재이용 등을 통한 안정적 수자원 확보 및 수질개선과 수생태계 보전으로 자연과 시민이 함께하는 환경도시를 건설하고자 한다. 따라서 빗물이 순환하는 물환경의 건강성을 회복하고 물재생시설의 경쟁력을 강화하고자 한다.

특히, 빗물이 순환하는 물환경 건강성을 회복하기 위하여 통합적 물관리를 위한 빗물관리기본계획을 수립하고 빗물관리시설 설치, 그린빗물인프라 도입 등 건강한 물순환 회복을 위한 시설을 보급 · 확대하며, 시민과 함께하는 물순환 정책을 추진하고 있다.

3.5.1 물환경 종합관리 계획 수립

서울시는 수자원 고갈, 수질 · 수생태계 악화, 물관리 체계 등 현재의 물환경 여건을 종합분석하여 미래 물환경 비젼(vision)을 제시하고, 2020년까지 중 · 장기적인 추진방향 및 정책목표를 설정, 세부 추진계획 및 이행결과 평가 시스템을 구축하기 위하여「물환경 종합관리계획」을 수립하고 있다.

물환경 종합관리계획은 물순환 촉진, 수질 및 수생태계 보전 등 물환경 관련 업무에 대한 통합적 관리계획을 수립하여 계획간의 상호 연계성을 강화하고 실행력을 제고시키기 위해 추진하는 사업이다.

3.5.2 물순환 회복 시설 보급 · 확대

빗물관리시설 설치, 그린빗물인프라 도입, 공동주택이나 학교 등 공공 및 민간시설에 분산식 빗물관리시설 지원 확대를 통해 물순환을 회복시키고 있다.

■ 공공에서 선도하는 물순환 회복

① 도로 투수포장 확대

넓은 면적을 차지하는 차도 · 보도 · 주차장에 빗물이 스며들 수 있는 투수포장을 노후보도 정비와 연계하여 단계적으로 확대하고 있다.

② 빗물침투형 하수도 정비

도로 노면에 떨어져 하수도로 유출되는 빗물 유출량 저감을 위해 빗물받이내 침투가 가능한 침투시설 도입 확대하여 도로면 빗물을 하수도로 배수하는 빗물받이를 침투형으로 조성하고 있다. '14년까지 63개 지역 침투형 빗물받이 1,912개, 침투트렌치 820m 매설한다.

③ 가로변 빗물유입화단 조성 및 경계턱 제거

가로변 빗물을 가두고 머금을 수 있는 환경을 위해 기존 배수형 녹지대를 빗물 유입형(오목형)으로 개선하고 가로변 화단의 경계턱 제거하고 빗물유입화단조성하고 있다. 이미 남부순환로 등 98개소 38㎞조성, 21㎞정비하였다.

④ 녹지대 빗물 저장 능력 확대

공원 등 녹지대의 지형을 오목형으로 조성하여 빗물을 자연스럽게 저류 침투시키

[그림 3-32] 투수블록 포장

침투형 유공관 매설

침투포장 · 침투트렌치(주차장)

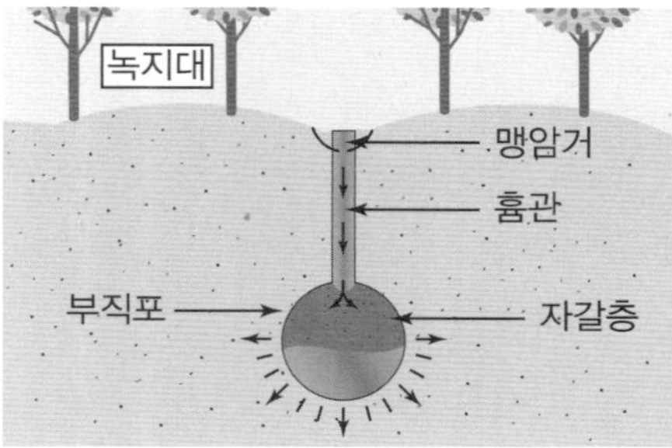

침투성(공원)

[그림 3-33] 빗물 침투형 하수도 구축

[그림 3-34] 빗물 유입 화단 사례

고 저류형 공원, 생태연못 등 녹지대 빗물 관리 확대하고 있다.

빗물정원, 식생수로를 배수형(볼록)에서 저류형(오목)으로 조성했고(남산공원 등 69개소 100,473㎡) 빗물침투 및 증발산 유도로 빗물유출과 오염을 저감시키기 위해 빗물정원(1,720㎡), 통로화분(800㎡), 띠녹지(300㎡) 등을 갖추었다.

[그림 3-35] 저류형 생태 연못 확대

[그림 3-36] 빗물정원과 식생수로 변형 사례

⑤ 그린 빗물 인프라 도입 및 시 주관 사업시 물순환 설계 의무화

개발지역, 기존 구조물이나 시설물 등에 녹색공간, 생태공간 등을 확대시킴으로써 침투, 증발산, 재이용을 증가시켜 빗물유출 감소토록 하고 있다. 그린빗물 인프라 도입의 예로 강서구 서남환경공원내 생태연못(2,000㎡), 국립 국어원옆 통로

관악 남현동주민센터 양천구 목3동 주민센터

[그림 3-37] 공공기관의 빗물 이용시설 사례

및 침투화분(300㎡) 조성했고 각종 사업 시행시 빗물 분담량을 만족하는 빗물관리시설 설치토록 하고 있다. 즉, 대지면적 1,000㎡이상, 연면적 1,500㎡이상 건축물 건축과 각종 개발사업 시행 시 인 · 허가 전 사전에 저영향 개발 사전협의 제도를 시행하여 빗물관리시설을 설치하도록 하고 있다 ('14년도 실적 : 577건 협의 / 12,757㎥/hr 빗물분담량 부여)

⑥ 자연지반 보전과 불투수면 억제 대안 마련

빗물이용시설 설치는 서울시청신청사, 동대문디자인 플라자, 강남 세곡리엔파크 등 총 682개소로 129,716㎥이며, 특히 서울시에서 설치비를 지원하여 설치한 빗물이용시설은 총 273개소로 1,412㎥ 이며, 빗물저류, 침투 및 이용시설 설치는 환경영향 평가 등 각종개발사업 협의시 권고사항으로 추진하고 있으며 대규모 택지개발사업 등에 빗물관리시설 설치토록 하고 있는데 '14년부터는 대지면적 500㎡이상, 연면적 1,500㎡이상 건축물 건축과 각종 개발사업 시행 시 인 · 허가 전 사전에 저영향 개발 사전협의 제도를 시행하여 빗물관리시설을 설치토록 권장하고 있다.

[표 3-7] 빗물 관리 및 이용시설의 설치현황

구 분	빗물저류 · 침투시설 (우수유출 저감시설)	빗물이용시설
규 모	176개소 (282,422㎥)	682개소 (129,716㎥)
내 용	• 저류시설 : 276,685㎥ 강남 대치유수지, 중랑 망우산 빗물저류조 등 • 침투시설 : 5,737㎥ 서초 우면지구, 천왕지구, 투수블록포장 등	서울시청 신청사, 동대문디자인플라자, 강동 삼성엔지니어링, 서초 우면지구, 광진구 스타시티, 창동문화체육센타 등.

■ 민간 보급 확대 방안

소형 빗물 이용시설 지원 확대하고 있는데 개인주택이나 소형건축물에는 빗물이용시설 설치시 설치비의 90% 지원한다. 이로인해 '07년부터 '14년까지 총 273개소 지원한 바 있다. 빗물관리 시범 마을 조성을 위하여 시 전역에 분산 설치된 빗물관리 시설의 복

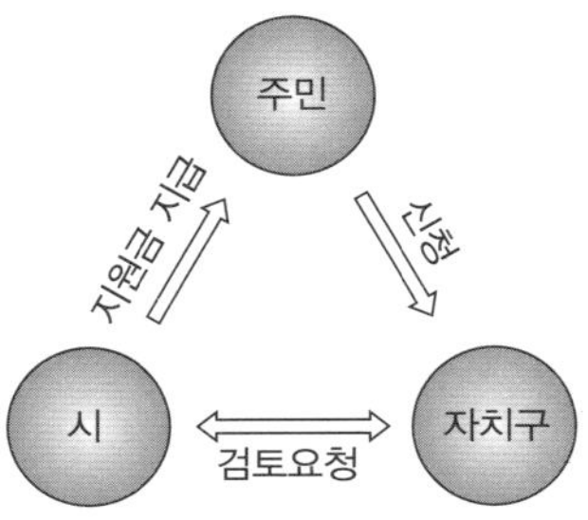

지원절차

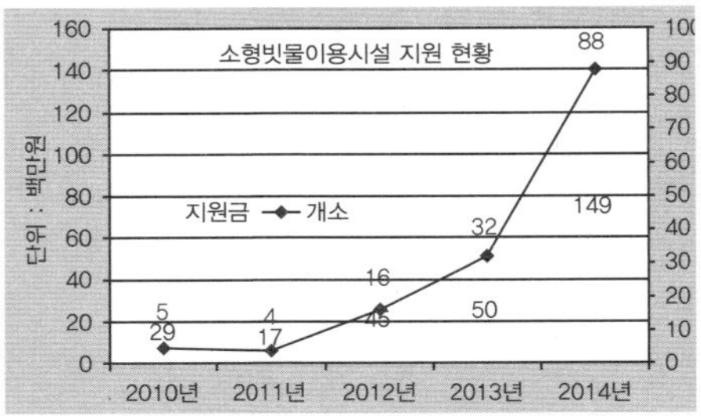

소형빗물이용시설 지원현황

설치사진

[그림 3-38] 공공기관의 빗물 이용시설 사례

합 · 연계성 강화를 위해 주민 참여형 재생사업과 연계하여 물순환을 고려한 빗물마을 조성하고 있다.

소규모로 분산 설치되던 빗물관리시설(투수성 포장, 침투형 저류시설, 빗물받이, 옥상 녹화 등)을 마을단위에 집약하여 효과를 극대화하고 있다. '13년 서울시 도봉구 도봉동 280번지 일대(새동네), '14년 은평구 응암동 30번지 일대 산골마을에 시범사업 시행 중이다.

빗물이용 주치의 프로그램 운영을 위하여 민간 참여가 중요한 환경 정책과 시 · 자치구의 상담 자문의 한계를 보완하기 위해 빗물 이용 우수시민이나 관련 단체에서 추천한 사람들을 주치의로 선정하여 정책 지원 확대하며 빗물이용시설 설치 희망 시민 자문 · 상담, 운영시 애로사항 자문, 빗물이용 정책 자문 등을 수행하고 있다.

우수 성공사례 발굴 전파하여 민관의 자발적 빗물관리 참여를 지속적으로 유도하기

[그림 3-39] 빗물 이용의 구체적 사례

위해 빗물을 모으고 아끼는 '빗물의 달인' 등의 비법을 소개하고 우수사례 소개 이후 시민의 관심과 호응도 증가 하고 있다. 건물 지하 상수도 저수조를 재활용하거나 빗물을 이용하여 정원을 가꾸는 등 빗물 이용의 구체적 사례 제시로 시민들이 쉽게 접근할 수 있는 계기 마련하고 있다.

3.6 도시기상관측시스템

3.6.1 도시기상관측시스템 구축

서울시에서는 각 구별 기상현황을 실시간으로 관측하고 맞춤형 기후변화 대책 수립에 필요한 기후자료를 확보하기 위하여 2008년 26대의 자동기상관측시스템(AWS : Automatic Weather System)을 자체적으로 설치 · 운용하고 있다. 서울시 기상관측 자료의 신뢰성 확보 및 서울 지역에 설치되어 있는 기상청 소유의 27대 자동기상관측시스템(AWS)의 자료를 공동사용하기 위하여 기상청과 MOU를 체결하고 총 53개의 기상자

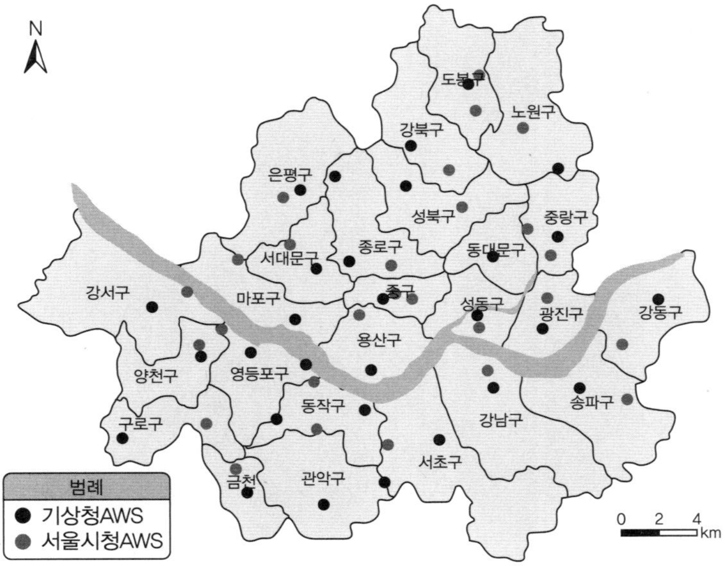

[그림 3-40] 서울시 자동기상관측시스템(AWS) 위치

료를 활용한다.

자동기상관측시스템에서 관측된 기온, 강수량, 습도, 풍향, 풍속 등의 기상자료는 서울시 홈페이지를 통해 시민들에게 실시간으로 공개함으로써 실생활에서 활용할 수 있는 기상정보를 제공하고 기후변화문제에 대한 인식을 새롭게 할 수 있다.

3.6.2 기후 · 에너지 지도 제작

서울시는 기후변화 대응 계획 및 친환경 도시 개발 정책 수립시 참고자료로 활용하고 시민들에게 유용한 기후 및 에너지 분포 현황 자료를 제공하고자 2006년부터 기후 · 에너지 지도를 제작하였다.

서울시 기후 · 에너지지도는 서울지역의 기상요소별(기온, 습도, 강수량, 풍향, 풍속

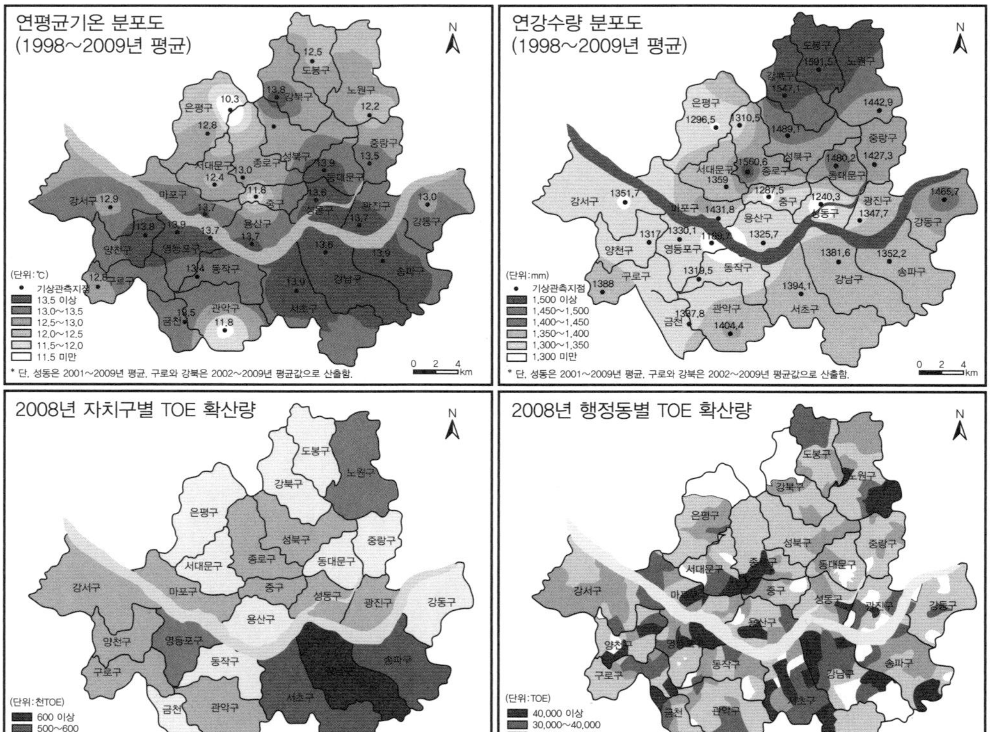

[그림 3-41] 서울시 기후 · 에너지 지도

등) 자료와 에너지원별(전력, 가스, 냉난방, 상수도) 사용량 자료를 데이터베이스로 구축하고 각 구나 행정동별로 기후현황 및 에너지 사용량을 지도형태로 표출한 것으로써 기후현황과 에너지 사용정보를 한 눈에 볼 수 있도록 하였다. 현재 3차 기후 · 에너지 지도 제작을 통해 2009년까지 자료가 구축되어 있으며, 2015년에 4차 기후 · 에너지 지도 제작을 통해 데이터베이스를 업데이트 할 예정이다.

CHAPTER 4

서울시의 '원전하나줄이기' 사업

4.1 추진배경

2011년 9월 15일 대규모 정전사태 발생 등 에너지 위기 현실화에 따른 근본적인 정책의 필요성이 대두되었고 온실가스 90%정도가 에너지와 관련되어 발생한다는 점이 주목되었다. 특히, 2011년 서울의 전력소비는 46,903GWh로 2006년 사용량 41,824 GWh에 비해 12%가 증가하여 전국 소비량의 10.9%를 차지하였으며 전력자립률은 2.8%를 나타냈다. 지속적으로 소비량이 증가하면서 이번과 같은 증가추세에 따라 전력예비율은 2004년 12.2%에서 2011년 5.5%로 감소하였으며, 낮은 전력예비율로 인해 서울을 비롯한 전국 곳곳에서 대규모 정전사태가 발생하여 에너지 위기를 맞게 되었고 전력자립능력을 제고하는 것이 대두되었다.

기후변화 대응을 위한 신재생에너지 확대가 절실하다는 점에 공감대가 확산되었다.

서울에서 전기를 절약하고 신재생에너지 생산을 확대하여 도시기반시설을 가동하는데 어려움이 없도록 하는 것이 우선적으로 요구되었다. 2011년 서울의 신재생에너지 생산량은 250천 TOE로 전체 사용량의 1.6%에 불과하였으며 국가 전체의 경우 2.7%, 미국 8.1%, 일본 4.7%에 비해서도 매우 낮은 실정이었다. 특히 신재생에너지 생산량의 95%는 폐기물과 바이오가스에서 생산된 것이며 태양광 및 태양열이 2% 수준을 차지하였다. 이와 같은 현황을 감안하고 국제적 도시로서 기후변화에 대응하며 유휴공간을 최대한 활용하여 신재생에너지 생산을 확대하는 것이 합리적인 방법으로 평가되었다.

공급 위주의 에너지 정책에서 수요관리 강화가 필요하다.

에너지분야 석학인 Amory Lovins는 우리가 묻는 답은 우리가 묻는 물음에 의존한다고 말한다. 즉, 에너지문제를 공급(supply)의 문제로 정의한다면 에너지가 부족하니 새로운 에너지 자원이 필요하다는 식으로 결론 내리기 쉽다. 하지만 수요(demand)의 문제로 정의한다면, 에너지 사용의 문제, 에너지원에 맞게 에너지 사용을 조절하는 문제로 또는 효율에 관한 문제, 적절한 기술의 문제 등 다양한 방식으로 접근하게 된다. 한국은 에너지 수입의존도가 96%에 달함에도 불구하고 에너지문제에 대한 접근을 공급에 의존하고 있다.

특히 일본의 후쿠시마 원전 사고이후 원전에 대해 실천적 대안 제시가 필요하게 되었다. 2011년 3월 일본 후쿠시마 원전사고로 인한 방사능 우려로 세계적으로 원자력발전 확산에 대한 재검토가 요구되었고, 독일 등 유럽에서는 원전건설의 중단 또는 폐쇄를 발표하였다.

2011년 우리나라 전력생산량 497천GWh 중 31%인 155천GWh는 원자력발전소에서 생산되었다. 또한 중장기적 관점에서 우리나라는 원자력발전소를 증설하는 계획을 진행하고 있어 안전에 대한 국민들의 우려가 있으며 방사능 폐기물의 처리는 사회문제로 논의되어 왔으므로 이와 같은 점들에 대한 실천적 대안의 필요성이 야기되었다.

그간 에너지 정책은 분산형 보다는 중앙 집중적 접근에 의해서 추진돼 왔지만, 이제는 선도적이고 합리적인 정책의 전환이 요구 되고 있어 많은 시민, 전문가들의 실천적 의견을 수렴하여 계획을 준비하였다(서울시 2015a).

4.2 '원전하나줄이기' 조직

4.2.1 시민과 전문가 참여를 통한 정책마련

원전하나줄이기는 정책의 수립 및 시행과정에 다양한 분들이 참여하였다. 정책의 수립과정에서는 2012년 1월부터 4월까지 희망정책자문단 및 시민단체가 참여하는 16차례의 TF회의를 통해 원전하나줄이기 종합대책의 초안을 마련하였으며, 2012년 2월 21일 원전하나줄이기 청책토론회, 2012년 4월 16일 시민대토론회를 통해 시민들의 의견을 수렴하여 계획에 반영하였다.

원전하나줄이기 준비과정 시민, 전문가 TF등 논의 사항(예시)

[저감]

- 자발적 절약요구보다는 제도적 시스템에 의한 접근 필요
  - 이미 사람들은 에너지 절약하고 있고 에너지 절약시스템의 구축을 통해 시민의 참여를 이끌어 내는 것이 목표라고 할 수 있다.
- 지역별 에너지 절약 통계의 공개
  - 녹색연합에서 행정 동별로 에너지 소비량을 살펴보았다. 전기를 많이 쓰는 곳은 빌딩, 가스를 많이 쓴 곳은 주거, 전기소비량이 적은 곳 적시하여 분류된 바 있으며 하나의 아이디어 될 수 있다. 현실하고 안 맞는 경우도 있으므로 시정연 연구를 통해 자료화 하여 발표하자.
- 에너지 절약 대상의 선택과 집중
  - 서울에서 전기 절약의 가장 중요한 대상은 서비스업이고 그 다음이 가정 공공 순이다. 그래서 서울의 정책은 서비스업과 가정을 잡아야한다.
- 에너지 사용 피크 타임의 원인 규명
  - 오전11시와 오후 5시에 음식점이 전기난방 히팅을 올리는 것인 아닌지 연구가 필요하며 전기 난방은 바꾸어야 한다.
- 삶의 질의 향상과 절약운동의 병행
  - 삶의 질의 향상과 절약운동의 병행이 있어야 합니다. 에너지절약은 집값도 오른다고 말해줘야 합니다. 이런 접근이 시민들의 접근을 이끌어내기 때문이다.
- 에너지절약 분야별 전문가에 의한 지원
  - 일본의 선에너지 센터에서 카테고리를 선별 시민참여 절감을 위한 전문가를 그룹핑 하여, 보일러 조명 부분으로 부분별 전문가를 구분하여 실질적 에너지 절약 추진
- 에너지절약 규제를 위한 법적 제도 구축
  - 에너지조례에서 규제를 담아야합니다. 법에 없으면 시민들이 거부감을 느낄 수도 있기 때문이다.
- 에너지절약에 대한 구체적인 인센티브 제공
  - 절약참여자에게 철저한 인센티브 투자를 통해 유인해야 합니다. 에너지 절약 정책이 가지는 비경제성을 극복하기 위해 이런 노력이 필요합니다.
- 에너지절약 우수상 시상 등 자치구 단위 경쟁
  - 절약 캠페인에 구 단위, 분야별 경쟁과 인센티브 지급이 필요합니다.

- 에너지 과다소비 층에 대한 절약 촉구
  - 구별로 에너지 사용량을 보는데 소득이 높은 지역에서 많이 쓰는 것을 볼 수 있습니다. 가정의 절약이 이미 한계치에 다 달았다고 하는데, 이런 분들은 아직 절약할 양이 많다고 생각합니다. 지역단위 절약 캠페인이 필요하다.
- 에너지 절약 환경펀드의 조성과 절약 사업투자
  - 에너지 절약한 이익을 회수해서 투자를 해서 환경펀드의 증식이 필요합니다. 조례나 한전의 투자를 통해 일정한 금액에 도달하면 에너지 절약 사업에 투자해서 자본을 늘려 환경운동의 재원이 될 수 있습니다.
- 지속가능한 에너지 절약 정책 추진
  - 에너지절약의 정책적인 프로그램이 지속성을 가져야한다고 생각합니다.
- 불필요한 낮시간 조명 관리로 에너지절약
  - 가정의 전기, 조명은 효율적 방식으로의 전환을 위한 팁을 만들어야 합니다. 낮에 불을 많이 켠 건물을 조사해서 불필요한 조명을 끄는 것을 제의하고 교육을 지원하는 운동을 했습니다. 대표적 빵 브랜드에서도 이 운동을 수용했습니다.
- 에너지절약과 시민생활의 연관성을 알리며 참여 분위기 조성
  - 시민절약 실천을 위한 인식과 교육이 필요하며 원전과 기후변화가 내 삶과 어떤 연관성이 있는지 알아야 합니다. 시민 삶속에서 이런 운동이 어떤 가치가 있는지 홍보에서 꼭 알려야 합니다.
- 에너지소비량을 디스플레이
  - 일본의 건물에 가면 오늘 쓴 에너지양이 바로 수치로 확인할 수 있는 시스템이 구축되어 있는데, 사람들로 하여금 에너지를 절약하는데 자극이 상당합니다.
- 인터넷을 통한 에너지 자가진단 프로그램 활용
  - 인터넷에도 홍보하여 스스로가 할 수 있는 에너지 진단을 위한 시스템 필요합니다 스스로 하는 에너지 진단이 홈페이지에 체계적으로 갖춰진다면 100만 명의 시민 참여가 가능하지 않을까 생각합니다.
- 에너지사용량이 많은 가정은 인센티브 보다는 제도적 참여유인
  - 에너지 사용량이 많은 가정은 인센티브에 별 감흥을 느끼지 않기에 시스템적으로 접근해야 합니다. 에너지 사용량이 적은 가정은 인센티브를 통해 주어져야 합니다. 구분화된 정책이 필요합니다.

[효율화]

- 절약에 효과성이 있는 분야를 초점을 맞추어 대체 추진
  - 건물 중에서 대형건물, 시설 교체 대상으로 초중고교를 포함한 학교를 우선 추진
  - 전기난방 제품으로 효율이 낮은(30%) 전기 히터의 사용 억제

- BRP도 자발적으로 유도하되 시스템에 의한 촉진 역할 필요
- 에너지 진단 시스템의 시민단체와 연계 추진
  - 찾아가는 진단서비스를 시민단체와 연계해서 체계적인 방법도 강구
- 표준모델을 설정 절약을 위해 시스템에 의한 강제
  - 통계에서 봐야할 것은 사용량이 많은데 줄이지 않는 사람들이다. 그래서 필요한 것이 4인가구 1인가구등 표준모델을 만들어서 도시에너지생활을 하는 사람들이 자기 자신이 얼마큼 에너지를 사용하는지 각성시켜야 한다. 윤리적 도덕적 부담을 주는 것이다 심리적 압박, 트렌드 같은 방식으로 사람들의 행동방식을 바꿀 필요가 있다.
  - 주택 난방에 대한은 적정량을 제시하는 방식이 필요한 것 같다.
- 에너지 점검에도 현실에 맞은 정책 추진
  - LED조명은 단속은 안하며 네온싸인은 단속을 하는데 때로는 실제로 LED조명이 더 많은 전력을 쓰는 경우가 있으므로 상황과 현실을 고려한 점검이 필요
- 에코 우수기관 인증 제도 활용
  - 일본 에코챌린지 인증사업에서 에너지절약이 우수한 학교와 어린이집을 2년 단위로 인증하여 인센티브를 주고 있어 서울에서도 이너지 절약학교를 인증하고 인센티브를 주는 것이 바람직함
- 전기 이용증가 실태 파악과 대처
  - 가정에서는 난방 전력을 줄여야 하는게 포인트다. 이유는 전력 난방의 비중이 높아졌기 때문에 앞으로의 절약을 위해서는 전력 난방을 어떻게 할지 연구와 대책이 필요하다. 난방 EHP(Electric Heating Pump) 증가가 전력의 소비추이를 증가하는 것은 아닌지 연구가 필요하다. 상업에서도 전기 난방을 줄여야한다. 난방은 가스를 쓰도록 하거나 전기를 적게 쓰도록 하여야한다. 조명도 LED로 기본적으로 교체해야한다. 또한 적절한 조명의 양을 제시해야 한다.
- 에너지 효율이 낮은 제품의 사용 억제
  - 가정에서 전기 난방은 전기 히터의 효율이 30%수준인데 이것은 가장 전기효율이 낮다. 가스보일러는 효율이 80%이다 전기난방인 ESP는 효율이 120%으로 그것보다 효율이 좋다. 그래서 장기적으로 볼 때 효율적으로 전기를 사용하는 장비를 사용해야 한다. 전기난방 제품으로 효율이 낮은 전기 히터의 사용 억제
  - 대학등 사무실에서도 난방 온도 제한 시 개인 전기 히터 사용
- 건물 난방관련 신축기준 강화
  - 창면적 규모를 40% 이내로 하고 있는 베를린에너지 절약법이 있다 서울도 강제해야하는 부분은 제도를 갖추어야하며, 고층빌딩은 에너지를 효율적으로 규제 하여야 한다.

– 새로운 건물은 장기적으로 보았을 때 인증제 같은 것을 통해 견제가 필요하다.

- LED, 네온사인등 실정에 맞는 규제
  – LED로 바꾸는 운동도 그렇고 지자체가 손 놓은 규제를 다시 시행해야합니다. 획일적인 네온사인 규제 같은 것도 문제가 있으니 실정에 맞는 적절한 규제 기준이 필요
- 서울시 에너지 진단 시스템 전문성 강화
  – 지금 서울시에서 하는 진단시스템은 일반인보다 조금 나은 정도에 불과하다. 이는 반드시 시정되어야 한다.
- 에너지 진단 전문가 육성
  – 교육하러 갈 때는 그렇지 않았는데, 가구별로 진단하러 가니 인원이 너무 부족하게 된 겁니다.
- 에너지 진단 구심점으로 시민단체, 부녀회등 활용
  – 진단관의 부족을 극복하는 것은 지역의 부녀회나 시민단체에 교육을 시켜서 자체적으로 진단할 수 있는 체제를 구축하는 것이 필요합니다.
- 에너지 소비량이 많은 제품의 공개 – 사용억제
  – 에너지 소모가 많은 제품군을 거부하는 운동을 해서 에너지 효율화가 높은 제품이 발전하도록 해야 합니다.

[생산]

- 에너지 생산 장려
  – 일본 아이다시는 일본의 아이다시는 협동 태양 전기생산사업으로 공공에서는 태양광발전을 할 수 있는 부지나 지붕을 제공하거나 민간에게 기금을 대여하는 방식으로 건물이 태양광을 적극 사용하게 하는 정책도 있다.
- 신재생에너지 투자 지원
  – 독일은 신재생에너지를 적극 사용하는 데 본받아야하는 부분이며 신재생에너지에 대한 투자와 지원을 통해 이끌어내야 한다.

[에코마일리지와 거버넌스]

- 에코마일리지 시상도 공동체 단위 강화
  – 에코 마일리지는 꼭 바꿔주셨으면 합니다. 가구단위도 좋지만, 공동체 단위로 해주시는 것도 좋은 것 같습니다.물론 공무원이 공동체 단위에 관여하는 것이 힘들 수가 있으니, 시민단체와의 연계를 통해 극복하려는 노력을 해주셨으면 합니다.

- 인센티브를 받은 가정에 대해서도 지속적 참여 유인책 필요
  - 단순하게 절약양만 가지고 상을 준 것인데, 이런 식의 인센티브 제공은 문제가 있다. 또한 인센티브를 받고 빠져나간 가정의 현재 상황을 분석하여 인센티브의 형태와 효과에 대한 연구가 필요합니다.
- 기존의 틀을 벗어난 획기적 노력
  - 기존 틀에서 벗어나야한다고 생각합니다. 한집에 냉장고가 2~3개 가지고 있는 것이 정상일까 라는 의문이 들었습니다. 집전화, 컴퓨터 등에도 드는 의문입니다. 가정에서 절약이 한계치에 달았다고 하는데, 더 할 수 있지 않을까 합니다. 가구당 에너지 사용 표준모델이 제시에 동의하며 우리들이 가진 무심코 낭비하는 습관들을 줄이는 캠페인이 필요합니다.
- 구체적인 에너지 절약 기술 홍보
  - 에너지를 효율화할 수 있는 기술의 홍보가 필요합니다. 관심있는 효율화 기술들의 보급에 지원이 필요합니다.
- 유관기관과 협력체계의 효율성 제고
  - 지경부, 환경부, 시청이 모두 같은 내용의 다른 정책을 시행하는데 이는 합쳐져야 합니다.
- 에너지절약 모티터링과 평가
  - 계획의 실행 중에 목표량에 얼마나 도달되고 있는지를 알아야합니다. 검인증센터를 활용하여 모니터링하고 피드백하고 데이터를 계량화 하여야 합니다.
- 왜곡된 전기요금의 가격 체계 개선
  - 에너지가 너무 난방에 쓰이는 것을 막자는 취지에서 서울시의 영역은 아니지만 왜곡된 전기요금체계도 고쳐야 한다.
- 에너지복지와 두꺼비 하우징을 셋트화, 다소비 아이템 선택 투자
  - 미국 텍사스는 에너지복지와 두꺼비 하우징을 셋트화 하고 론스타사업을 추진했는데 공공기관, 학교 등으로 확산되었다. 다소비 아이템을 선택하고 투자하고 시범적으로 같이 가야 한다.
- 시민단체와 서울시의 역할 구분
  - 관에서 하는 정책적인 것과 시민들이 하는 것이 구분되는 것 같아요. 그래서 시에서 이런 구분을 잘 나눠줘야 할 것 같다. 관에서 간섭하는 기분이 들면 캠페인의 효율성이 떨어지기도 하니까요.
- 초중고 Eco-시스템 필요
  - 자발적으로 교육으로 받을 수 있는 제도 구축

- 시민운동과 학교와 연계한 홍보
  - 홍보와 교육을 시민운동과 학교의 노력을 촉구합니다.
- 시각적이고 체험적인 교육 홍보
  - 교육의 시각화를 통해 절약 교육을 효율적으로 해야 합니다. 그러기 위해 교육의 시각화를 위해 체험관이나 프로그램을 개발할 수 있도록 해야합니다.
- 절약노력에 경쟁하도록 시상, 등수, 보상 방안 강구
  - 서울이 본보기가 될 수 있도록 이 정책의 성공을 기원합니다. 그러기 위해서는 인센티브가 다양한 형태로 있어야 한다고 생각합니다. 다양한 노력에 보상을 주어 절약 의지를 자극해야합니다.
  - 절약하는 방식에 대한 콘테스트를 여는 것도 좋고, 인센티브를 많이 해주시는 것이 중요합니다.
- 에코운동의 아카데미 영역 확대
  - 에코 운동을 위한 교장의 협의체와 같은 주체도 필요합니다. 왜냐하면 에코 운동이 다음 세대가 받아들일 수 있도록 에코 교육의 체계화가 중요합니다. 에코 운동을 위한 아카데미를 설립해주신다면 이런 교육의 체계화를 이룩할 수 있으리라 생각합니다.
- 참여 집중도 제고(개별적 참여의 한계 극복⇒단체 참여 유도)
  - 저희는 주민들의 자치기구를 결성하여 효과를 냈는데, 이는 에코마일리지보다 훨씬 효율이 큽니다. 그렇듯 규모만 키우는 것이 아니라 집중도도 늘려야한다고 생각합니다. 더디게 가더라도 지역단위의 조직이 필요합니다.
- 시스템 구축에 의한 접근
  - 중요한 것은 개인적 노력을 모아 시스템의 구축이 필요하다고 생각됩니다.

4.2.2 제도 조직의 보완

원전하나줄이기 사업을 효율적으로 수행하기 위해 서울시 행정조직도 개편하였다. '원전하나줄이기 총괄반' 및 '에너지시민협력반(2개팀)'으로 구성된 원전하나줄이기 추진단을 신설하여 '원전하나줄이기 총괄반'은 전체 사업을 관리하도록 하였으며 '에너지시민협력반'은 시민들이 원전하나줄이기 사업에 참여하도록 하는 소통창구로서의 업무를 수행하였다.

또한 2012년 7월에는 『서울특별시 에너지조례』를 개정하여 '원전하나줄이기 시민위원

회'의 운영을 위한 제도적 근거를 마련하고, 서울연구원에서는 원전하나줄이기 사업의 성과측정방법을 고안하고 효과를 평가하기 위한 시스템을 구축하였다. 지역기반의 사업을 활성화하기 위해 자치구와 시민단체, 기업 등의 참여를 활성화하는 방안으로 원전하나줄이기 성과를 평가하여 인센티브를 부여하는 한편, 민간단체 및 기업 등과 60건의 MOU를 체결하고, 연간 100여 건의 원전하나줄이기 공모사업을 시행하여 시민들의 자발적 참여를 유도하였다.

4.3 '원전하나줄이기' 사업 성과와 계획

4.3.1 원전하나줄이기 결과(2012–2014)

2014년 상반기에 2014년 말까지 달성코자한 정책목표인 에너지 기준으로 200만 TOE(tonnage of oil equivalent) 저감하는 결과를 나타냈다. 원전하나줄이기는 시민들의 적극적 호응과 정책적 공감을 기반으로 2014년 6월까지 신재생에너지 생산과 에너지절약을 통해 당초목표인 200만 TOE를 초과한 204만 TOE를 달성하였다.

에너지생산은 연간 259,533 TOE를 생산할 수 있는 시설을 건설하였는데 태양광 및 연료전지발전 등 연간 57,403 TOE의 전력을 생산할 수 있는 발전설비를 갖추었으며, 종전에는 버려지는 하수처리과정에 방류수의 열을 회수하고 지하철 운행시 회생전력 생산 등 119,218 TOE, 신축건물의 환경영향평가를 통해 82,912 TOE를 생산할 수 있는 시설을 구축하였다. 에너지효율화는 연간 869,024 TOE의 에너지수요를 줄일 수 있도록 구조 변환 등을 추진하였으며, 세부적으로 보면 신축건물의 에너지소비총량제를 통해 352,098 TOE, 건물에너지효율화(BRP)를 통해 192,304 TOE, LED 조명보급으로 201,252 TOE, 수송시스템의 효율적 전환을 통해 123,370 TOE를 절감할 수 있는 추가 또는 새롭게 에너지효율화 구조를 갖추었다.

가장 높은 성과를 보인 분야는 시민들의 참여가 높았던 에너지절약 부문으로 총 910,285 TOE를 절감할 수 있는 시스템을 구축한 것으로 평가되었다. 세부사업별 성과를 보면 에코마일리지제를 통한 에너지절약과 건물의 냉 · 난방온도 관리로 777,376 TOE, 공공분야의 에너지 절약을 통해 55,302 TOE, 폐기물 재활용을 통해 77,607 TOE를 절약한 것으로 나타났다.

특히, 2011년까지 22.6MW였던 태양광발전 시설의 용량은 원전하나줄이기 1단계의 완료시점인 2014년 상반기까지 70.4MW로 3배 이상 증가하였으며, 건물 BRP의 시행실적은 2011년 475개소에서 2014년 상반기까지 2,267개소까지 확대되었으며, 2011년 20만 개에 불과하던 LED 조명은 679만 개가 보급되었다. 또한 2011년 50만 명에 불과했던 에코마일리지 회원이 168만 명으로 크게 증가하여 에너지수요 절감에 기여하였다.

4.3.2 '원전하나줄이기' 사업의 의미

■ 기후변화완화정책의 세계적 모델 제시 – 벤치마킹 증가

온실가스배출 90%수준이 에너지와 관련이 있는데, 원전하나줄이기는 기존 에너지절약에서 신재생에너지 생산과 에너지효율화 등으로 확대하는 정책으로, 전기 · 가스 · 휘발유 등의 에너지 소비량이 감소되므로 온실가스 감축에 기여하게 되었다. 또한 도시단위에서 독창적인 제도개발과 개선을 통한 사업추진으로 세계적으로 다른 도시들이 기후변화 대응에 할 수 있는 수단을 제공하였다. 태양광발전시설 설치부지의 임대료 개선, 미니태양광 보급 등 태양광 보급은 국내 다른 지역으로도 확대되었다.

특히, 원전하나줄이기는 UN 등 국제기구 및 민간단체로부터 우수한 정책사례로 평가받는 등 서울시의 대표적인 사업이 되었다. 에코마일리지는 2013년 6월 UN으로부터 시민참여와 에너지절약문화 확대 및 에너지 사용량 감소 등의 성과를 인정받아 「UN행정공공상」 '정책결정에의 시민참여 촉진분야'의 우수상을 수상하였다. UN 공공행정상은 2003년 제정된 공공행정 분야에서 최고의 권위를 자랑하는 국제상이다. 또한 서울시의 원전하나줄이기 정책은 2013년 11월 세계그린빌딩협의회(World GBC)의 주관으로 폴란드에서 열린 제2회 Government Leadership Awards 에서 '기후변화대응 행동 리더 도시상'을 수상하였다. 서울시는 원전 하나줄이기 정책을 추진하면서 에너지소비량이 56%를 차지하는 건물에 대해 수요를 감축하고, 신재생에너지 사용을 확대하는 등 대도시에서의 에너지 문제 해결방안을 제시했다는 점에서 높은 평가를 받았다.

이에 더불어, 2014년 4월 서울시는 대도시 탄소배출을 감소시켜 기후변화를 완화시키고 에너지 환경문제 해결을 위한 공로를 인정받아 세계자연기금(WWF)과 지속가능성을 위한 세계지방정부(ICLEI)가 공동으로 하는 이니셔티브 Earth Hour City Challenge(EHCC)에서 '2014 기후변화대응 행동 우수 도시상'을 수상하였다.

신재생에너지 분야 세계적 인정과 관련 2014년 9월 서울시가 태양광 보급사업으로「제

2회 도시기후리더십 어워드」에서 녹색에너지 분야 'C40-지멘스 어워드'를 수상했다.

서울시 태양광 보급사업은 미래세대를 위한 에너지 정책인 '원전하나줄이기' 사업의 하나로, 서울 곳곳이 태양광발전소인 '햇빛도시'를 지향하고 있는 원전하나줄이기 추진 성과를 통해 서울의 에너지 현황과 생산여건, 시민 참여의 우수사례 등을 평가한 결과 국제사회의 다른 도시와 견주어 녹색에너지 분야 태양광 사업이 짧은 시간에 가시적인 효과를 얻고 있음이 높이 평가됐다.

■ 시민과 함께 거버넌스 우수 정책으로 평가

원전하나줄이기는 계획단계에서부터 실행 평가에 이르기 까지 관주도의 정책이 아니라 시민들이 직접 참여한 시민주도형 정책으로 거버넌스 우수사례로 모델이 되고 있다. 예를 들면, 서울시민 중 168만 명이 에코마일리지제도에 참여하였으며, 학생 2만여 명은 에너지수호천사단에 참여하여 가정과 학교에서 에너지절약을 실천하였다.

시민들의 적극적인 참여가 필수적이므로 2012년 4월 환경 시민대토론회, 에너지설계사, 원전하나줄이기 실행위원회 구성과 함께 에너지분야의 관련기업과 종교계, 교육계 등 각계각층을 대표하는 시민들로 '원전하나줄이기 시민위원회'를 구성하였고, 민간과의 협력을 위한 거버넌스기구로 '원전하나줄이기 실행위원회'를 구성하여 운영하였다. '원전하나줄이기 실행위원회'의 전문성 확보를 위해 에너지 생산, 에너지 절약, 에너지 효율화, 시민소통분과 등 4개 분과위원회를 마련하였으며, 2013년까지 13회의 실행위원회와 28회의 분과위원회를 개최하여 원전하나줄이기 사업을 추진하는데 중추적인 역할을 하여왔다.

■ 산업발전 기여와 일자리 지원

신재생에너지관련 산업의 발전에 동기를 부여하면서 특히 건물 효율화를 통해 창호, BEMS 등 IT 기술연구를 통해 연구와 다양한 일자리 조성에도 기여하였다. 예를 들면 원전하나줄이기는 지하철 역사의 LED 조명 전면 교체, 신축 공공청사의 LED 설치 의무화 등 대규모 공공시설에의 LED 보급사업을 통하여 국내 LED 시장이 활성화되도록 하였으며, 민간자본 6천억 원을 유치하여 태양광, 연료전지 등 신재생에너지 제조 및 설치 분야의 일자리 마련에 기여하였다. 또한 에너지설계사들은 상업건물에 대한 에너지진단 경험을 바탕으로 3개의 협동조합을 설립하는 등 새로운 일자리를 확보하였다.

4.3.3 원전하나줄이기 2단계 사업으로 발전

1단계 양적위주 목표관리에서 2단계는 에너지 가치 중심으로 질적인 변화와 성장을 동시에 추진하게 된다. 매우 여려운 여건이기는 하지만 지향점을 명확히 하고 시민과 함께 노력하는 사업으로서 지역에너지 사용으로 외부 의존도를 낮추어 에너지 소비 책임도시로 전환하는 것이다. 이를 위해 에너지 공급위기 대비, 안전하고 지속가능한 에너지 생산을 진행하고 에너지 생산 과정 통해 에너지 산업과 일자리를 확대한다.

에너지 서비스를 누리는 시민이 자신의 자원을 에너지 취약계층에 나누고 미래세대와 공유하므로 에너지 생산 · 소비의 공평 분배와 빈곤층 에너지복지를 통해 상생하는 기회를 확대한다. 예를 들면 에너지를 절약하여 에코마일리지 인센티브를 받는 시민들은 에너지 빈곤층을 위한 기부를 하거나 사막 나무심기에 함께할 수 있는 시스템을 구축하고 자발적으로 참여할 수 있게 되며 정책 수립, 실천, 피드백 등 다양한 참여 기회를 가질 수 있게 된다. 이러한 참여 기회는 다음과 같은 홈페이지를 활용할 수도 있다.

원전하나줄이기 http://energy.seoul.go.kr
에코마일리지 http://ecomileage.seoul.go.kr
서울에너지드림센터 http://www.seouledc.or.kr
대기환경정보시스템 http://cleanair.seoul.go.kr
서울시 승용차요일제 http://no-driving.seoul.go.kr
재활용나눔장터 http://fleamarket.seoul.go.kr
자원회수시설 http://rrf.seoul.go.kr
기후환경본부 홈페이지 http://env.seoul.go.kr

CHAPTER 5

신기후체제와 국제협력

5.1 국가 단위 기후변화 협약 이행

기후변화에 대한 논의는 1972년 6월 스웨덴 스톡홀름에서 세계 119개국 19개 국제기구 400여 개 비정부 단체들의 대표들이 참여한 '인간 환경에 관한 유엔총회'에서 논의가 시작되어 지구를 위한 환경 이슈를 다루게 되었다.

유엔 기후환경협약은 1992년 리우에서 개최된 유엔 환경개발회의에서 154개국 당사국에 의해 공식적으로 채택되었고 이후 대기중 온실가스의 안정화를 위하여 '공통되지만 차별화된 책임과 개별적 능력' 원칙에 의해 협상이 진행되어왔다. 이러한 논의는 당사국이라는 국가가 협의의 주체가 되는 회의로 이어졌다. 1995년 3월 독일 본에서 개최되 제1차 당사국회의 총회에 이어서 1995년 8월부터 협상을 위한 그룹회의가 (Ad Hoc Working Group) 수차례 개최되어 제3차 당사국회의가 개최된 1997년 교토의정서가 채택된 바 있다(전의찬 외24, 2012).

2015년 12월 파리당사국회의에서 합의된 파리협정(Paris Agreement)은 전문 및 29개조항으로 구성되어있다. 이러한 합의를 이루는 과정에는 국가간 파워(Power)가 작용한다. 미국 중국 EU의 견제와 상호 협의 속에서 여러 국가 대표들의 논리로서 파워가 행사되는 것이다.

신기후체제 하에서 전진국과 개도국의 의무를 어떻게 차별화할지를 두고 상반된 의견이 양자간의 파워관계속에 협의를 이뤘다. 즉, 개도국들은 기후변화협약 부속서에 근거, 선진국과 개도국을 구분하고 온실가스 감축에 선진국들의 우선적 역할과 법적 의무를 강조하였다. 이에 반하여, 선진국들은 개도국들도 증가한 온실가스 배출량과 변화된 국가역량에 상응하는 의무를 부담해야 한다는 입장을 제시하였다. 마침내, 합의를 하여야한다는 전체적인 흐름의 파워 속에서 파리 당사국총회에서는 선진국이 기후변화 대응에 있어서 우선적 역할을 하고, 개도국을 포함한 모든 국가가 자국의 기여방안(NDC)을 스스로 결정하고 이를 점차 강화해나가는 절충적 방안으로 합의가 이뤄지게 되었다.

앞으로 지속적인 협의를 통해서 2020년부터 발효할 수 있도록 국가간 협의가 이루어지며 이런 협상에는 '파리 협정 특별작업반(Ad Hoc Working Group on the Paris Agreement)'이 주도적 역할을 할 것이며 거기에는 다양한 기후변화와 관련된 지식 즉 전체를 조정할 능력을 가진 역량적 파워에 의해 세밀하게 협의가 진행될 것이다. 예를 들면 '국가별 기여 방안(INDCs, Intended Nationally Determined Contributions)' 제출 관련 세부규정, 국제 시장메커니즘 구축방안, 각국의 이행과정 검토를 위한 투명성 체제 수립 등에 대한 협상을 위한 아젠다 들이 있다. 이러한 협상에는 어떤 형태의 파워 메카니즘이 작용할지 관심을 가지고 보아야할 것이며 기후변화 관련 전반적인 지식을 포함한 파워구조를 잘 이해하고 대응하여야 할 것이다 (외교부, 2015).

> 국가단위 기후변화협상 주요문서
> 유엔기후변화협약(1992.6) United Nations Framework Convention on Climate Change
> 교토의정서(1997.12) Kyoto Protocol
> 발리행동계획(2007.12) Bali Action Plan
> 코펜하겐합의(2009.12) Copenhagen Accord
> 칸쿤합의(2010.12) Cancun Agreements LCA, KP
> 더반플랫폼(2011.12) Durban Platform
> 도하 게이트웨이(2012.12) Doha Gateway
> 바르샤바결과(2013.11) Warsaw Outcomes
> 리마선언(2014.12) Lima Call for Climate Action
> 파리협정(2015.12) Paris Agreement

5.2 도시 단위 기후변화 협약 참여

파리협정서 5장에 국가이외 이해당사자들(NON-PARTY STAKEHOLDERS)134조에는 모든 국가이외 이해당사자들의 기후변화대응의 노력을 환영한다고 명시하고 있다 (UNFCCC, 2015). 국가이외 이해당사자들에는 시민사회, 민간섹터, 금융기구, 도시 등을 명시적으로 열거하고 있다. 즉 국가의 감축목표에 의한 합계를 반영하더라도 지구의 온도 상승을 2도 이내로 하기에는 어려우므로 현실적으로 다양한 이해당사자들의 노력과 참여가 절실한 실정이다. 특히 국가 다음으로 법적 책임성을 가지고 집행력이 있는 도시의 역할이 신기후체제에서는 더욱 중요해질 것이다.

5.2.1 도시 단위 기후변화협약 – 시장 협약

UN이 국가 단위 협약의 실행단계에 있는 도시들의 중요성을 인식하면서 2014년 9월 UN기후정상회의에서 도시들이 기후변화대응을 실효성 있게 추진하기로 했다. 도시들의 기후변화 대응을 위한 연합체로서 대도시들의 모임인 C40리더십그룹과 약 1000여개 지방자치단체의 연합체인 ICLE가 중심이 되고, 세계 지방정부연합(UCLG)와 블룸버그 재단이 힘을 모아 추진키로한 시장협약(COMPACT OF MAYOR)이 신기후체제에서 더욱 강화될 것이다. 즉, 시장협약확대를 통해 도시(지방자치단체)별로 온실가스감축 목표의 설정과 인벤토리공개를 지속 추진한다. 아울러 기후변화적응계획도 도시별로 구체화하게 된다. 이러한 도시들의 노력은 유엔사무총장 산하 기후변화팀과 협력하여 시장협약 참여도시를 지속적으로 확대할 것이다. 시장협약으로 준비하는 과정뿐 아니라 실행과정에 도시들과 도시들 단체간에 파워관계가 행사되고 있다. 이러한 과정을 어느 도시 또는 단체가 기후변화대응을 선도할 것인가 우수사례를 어떻게 공유할 것인가 그리고 국제사회 속에 어느 기관이 주도적으로 기후변화 대응을 이끌어 가며 단체의 세계적으로 기여하고 있는지를 경쟁적 또는 협력적으로 추진하게 된다(Compact of Mayor, 2015).

시장협약 (Compact of Mayors) 전문

시장협약은 도시의 온실가스 배출량 감축, 기후변화에 대한 취약성 완화와 회복력 강화를 투명하게 이행하면서도 국가 정부의 기후대응 행동을 보완하고자 하는 도시네트워크들 간의 합의이다. 시장협약은 더욱 야심차고 자발적인 도시의 기후변화 해결목표와 온실가스 배출량 감축목표를 설정하며, 이러한 목표 달성에 관한 진행상황을 엄격하고 일관성 있는 기준(도시 네트워크를 통해 마련된 기준)을 통해 보고하고, 공인된 도시 플랫폼을 활용해 이러한 정보를 대중에게 공개하고 있는 시장들의 노력을 확대하고자 한다.

시장협약의 목표:

- 시장협약을 통해 지방의 기후 행동에 관한 데이터를 매년 제공함으로써 기존 및 새로운 도시 차원의 노력과 공약에 대한 인식 제고

- 탄탄하고 투명한 데이터 수집 기준의 마련
- 목표달성 과정을 일관성 있게 평가하기 위한 단일의 지방 기후행동 보고 프로세스의 도입 및 활용
- 시 정부의 기후행동 강화를 위한 투자 도모 및 기후행동과 투자에 대한 책임을 지방 정부에 부여하기 위한 근거 기반 마련
- 국가 정부가 따르고 있는 기준과 유사한 기준을 자발적으로 준수하기로 합의함으로써 보다 야심차고, 신뢰할 수 있는 국가기후목표 도출에 기여하고자 하는 도시들의 노력 알리기
- 지구온난화의 가속화를 막기 위해 국가 정부로 하여금 도시의 노력을 인정하고, 도시의 추가적인 기후 행동을 적극 지원하기 위해 정책 환경을 개선하며 필요한 자원을 할당하도록 독려

시장협약을 준수하기 위하여 시장들은:
- 도시기후공약(온실가스 배출량 감축 목표와 기후변화 적응 계획)"을 등록하고,
- 도시 네트워크를 통해 수립된 기준을 활용하여 온실가스 배출량 감축 목표 이행과 기후위험 평가에 관한 진생상황을 매년 보고하며,
- 이러한 정보를 공인된 도시 플랫폼을 통해 보고함으로써 대중에게 공개한다.

이 협약에 의거하여 우리 주요 글로벌 도시 네트워크(이클레이, C40, UCLG)는 우리의 회원도시, 여타 도시, 네트워크, 이니셔티브 등을 총 동원하여 다음을 추진하고자 한다.

□ 목표 설정
- 기존의 그리고 새로운 도시 기후공약과 기후데이터를 수집 및 종합할 협력 프레임워크를 마련한다.
- 도시들로 하여금 아래의 데이터 등록을 독려 한다
  - 국제적으로 공인된 기후변화 대응방식을 보완하기 위한 목적으로 도시의 온실가스 배출량 감축목표와 자발적인 "도시기후공약 (City Climate Commitments)"
  - 도시 기후변화 적응계획

□ 보고 기준
- 기후변화 적응과 완화를 포함하는 "도시기후공약"의 이행을 측정하기 위해 투명하고, 표준화된, 최소한의 보고시스템을 채택한다.

‣ 기후변화 완화에 관한 보고는 다음을 충족해야 한다:
- 분야별(sectoral-level) 온실가스 배출량을 포함한 보고
- 최근 세계적으로 공인된 지역사회 규모의 온실가스 배출량 보고 기준인 "지역사회 규모 온실가스 배출 국제프로토콜(Global Protocol on Community-scale GHG Emissions: GPC)"과의 일관성 있는 보고
- 제 3자의 입증이나 검토 없이 협약 준수여부를 모니터링 할 수 있도록 활동 데이터(온실가스 배출 원인)를 포함한 보고

‣ 기후변화 적응에 관한 보고란 다음에 관한 보고를 의미한다.
- 기후변화 적응 노력
- 기후변화 취약성 완화나 회복력 강화 계획
- 도시네트워크들이 공동으로 개발한 기후위험프레임워크에 기반하여 해당 도시가 직면하고 있는 주요 기후변화 스트레스 요인이나 위험요인

- 다음을 통해 도시 담당자들의 보고 업무의 효율화와 용이성을 도모하고, 국제 거버넌스와 국제기구 등 제 3자의 시장협약 관련 데이터 활용을 도모하고자 한다.
  - 단일 보고 플랫폼으로 도시기후등록부(cCCR)를 지정하여 시장협약 관련 데이터를 저장하고 대중에게 공개하도록 한다.
  - 데이터 취합을 간소화하고 참여 도시들의 보고 부담을 완화하기 위하여 단일 데이터 저장소역할을 할 cCCR과 기존 도시들이 채택하고 있는 보고 플랫폼간의 자동 연계를 구축하여 지방 정부의 보고를 지원한다.

☐ 준수

- "협약 준수"는 도시 기후 공약의 등록, GPC 기준과 일치하는 온실가스 배출량의 연례 보고, 기후변화 적응계획의 등록, 기후변화 스트레스요인 및 위험요인에 관한 보고로 정립한다.
- 동 협약에 참여할 지방 정부를 모집하고 다른 도시 네트워크들과 협력하여 온실가스 배출량 감축 목표와 기후 위험 완화 목표를 채택할 도시의 수를 늘리기로 한다.
- 동 협약의 요건을 충족시키지 못하지만 협약에 관심을 표명한 도시들의 역량 구축을 돕는다.
- 연례적으로 그리고 유엔 사무총장 기후정상회의와 제 20차 및 제 21차 유엔기후변화협약 당사국 총회와 맞물린 시기에 동 협약의 준수여부를 평가한다.

☐ 종합

- 지금까지 도시들이 내놓은 기후관련 공약의 영향을 수치화하기 위해 도시들이 보고한 온실가스 배출량 감축 목표를 종합한다.

☐ 거버넌스

- 시장협약에 관한 협력 교류 및 전문성을 도모하고, 협약준수를 위한 기술적 지원을 담당할 이클레이, C40, UCLG가 주도하는 시장협약의 사무기능을 개설한다.
- 지방정부에 공개적이고 투명하게 도움과 지원을 제공할 동 협약의 후원기관을 명확히 정의하고 초청한다.

시장협약 보충적 설명

☐ 시장협약이란 무엇인가?

시장협약이란 온실가스배출량 감축과 감축 성과 추적 및 기후변화 대응을 목적으로 하는 세계 시장 및 지방정부간 최대 규모의 공조 노력이다.

☐ 시장협약에 왜 참여해야 하는가?

도시는 지방의 기후행동이 미치는 집합적 파급영향을 알리고 촉진하기 위해 시장협약에 참여해야 한다. 도시별 기후 행동과 공약(commitments)을 공개적인 플랫폼을 통해 알림으로써, 시장협약은 야심차고, 투명하며 신뢰할 수 있는 기후 행동을 촉진하며, 2015년 기후변화협약당사국총회에서 채택될 신新-국제기후제제 출범에 긍정적 기여를 꾀한다.

☐ 시장협약의 내용은 무엇인가?

시장협약은 도시들로부터 보다 적극적인 기후행동을 유도하고, 기존의 목표(targets)를 재확인함과 동시에 일관성 있고 투명한 공개적 보고를 통해 도시의 기후행동에 관한 데이터를 수집하게 될 것이다. 시장협약을 통해 수집된 데이터는 도시의 기후행동이 온실가스 배출량 저감에 미치는 영향을 수량화하는 근거 기반이 될 것이며, 다음을 목표로 한다.

- 시장협약은 도시들이 이미 추진하고 있는 기후행동의 정도와 범위에 대해 국가 정부에 알림으로써, 도시의 행동이 국가 차원의 전략에 반영되거나 혹은 정책 환경 개선 등을 통한 도시 행동 지원 강화를 꾀한다.
- 시장협약은 지방의 기후행동에 필요한 자본유입을 촉진한다.
- 시장협약 하에 지방정부들은 국가정부가 따르고 있는 기준과 유사한 기준 부합에 자발적으로 합의함으로써, 시장협약은 야심차고, 투명하며 신뢰할 수 있는 국가의 기후 목표에 긍정적 기여를 하고자 하는 도시들의 확고한 의지를 보여준다.
- 시장협약은 국가정부, 민간투자자 혹은 시민들이 도시에 책임을 물을 수 있도록 일관성 있고 투명한 프레임워크를 수립한다.

☐ 시장협약은 어떻게 가입하는가?

시장협약은 서명을 통한 캠페인활동이 아니다. 시장협약에 참여하기 위해 도시는 다음과 같은 조치를 취함으로써 "협약 준수(Compact compliant)"에 먼저 부합해야 한다.

- 협약 준수(Compact compliant)
  - "도시 기후 공약(온실가스배출량 저감목표 및 기후변화 적응 전략"등록
  - 도시 네트워크들이 수립한 기준을 통해 온실가스 배출량 감축 목표 달성 및 기후 위험 평가에 관한 진행사항을 매년 보고
  - 공인된 도시 플랫폼(cCR 또는 CDP)을 통해 보고함으로써 상기의 정보를 대중에 공개
- 협약 준수 의도
  - 인벤토리 전체를 보고할 준비가 되지 않은 도시들의 경우, 해당 도시의 시장은 "도시 기후 공약"을 등록함으로써 시장협약준수 의도를 밝힐 수 있으며, 의도 표명 후 1년 내에 진전사항에 대한 보고를 해야 한다.

☐ 기후공약과 행동은 어떻게 등록 및 보고하는가?

시장협약에 따라 도시들은 CDP와 cCR과 같은 기존의 도시기후보고 플랫폼에 등록하면 된다. cCR은 이렇게 등록된 데이터의 편집을 가능케 하는 저장소 역할을 하게 될 것이다.

☐ 시장협약관련 모든 기후데이터는 어떻게 표준화 되는가?

IPCC의 국가 지침을 준수하면서도 일관성 있고 투명한 배출량 측정을 위해, 시장협약은 GPC – 세계에서 가장 널리 활용되고 있는 온실가스 배출량 집계 기준 – 를 이용할 것이다. 기후 리스크와 적응관련 데이터를 표준화에 관해서는 새로운 프레임워크가 현재 개발 중이다.

☐ 시장협약의 이행에 필요한 훈련(training)이나 기술적 지원을 필요로 하는 도시를 위한 지원책이 있는가?

C40, 이클레이, UCLG는 현재 이러한 도시 지원을 위해 필요한 역량을 파악 중이다. 이에 대해서는 개별적으로 연락하기 바란다.

☐ 시장협약은 기후 완화와 적응도 다루는가?

그러하다. 시장협약은 도시들로 하여금 자발적으로 온실가스 배출량 감축과 기후 위험 목표와 공약을 추적하도록 하고 있다.

❑ 시장협약은 누가 개발했는가?

시장협약은 c40, 이클레이, UCLG의 주도하에 유엔 도시기후변화 특사, 유엔 해비타트, 유엔 사무총장실과 긴밀한 협력을 통해 개발 되었다.

❑ 시장협약에 관한 추가 정보는 어디에 있는가?

C40: www.c40.org/ contact@c40.org

이클레이: www.iclei.org UCLG: www.uclg.org/info@uclg.org

Compact of Mayor: http://www.compactofmayors.org/

5.2.2 C40 리더십그룹의 기후변화대응을 위한 네트워크

C40리더십 그룹은 도시별로 우수사례들을 공유하며 발전시킬 수 있는 네트워트를 운영하고 있다. 서울은 건물에너지 효율화(Municipal Building Efficiency), 지속가능커뮤니티의 기후긍정개발(Climate Positive Development)를 비롯하여 네트워크 활동에 있어서도 중심적인 역할을 하고 있다.

이러한 활동에서 도시들의 파워관계에 의해 주도적인 역할을 하는데 실질적 역량 우수사례의 다른 도시의 도입 정도에 의해 중요도가 더 높아질 수 있다.

네트워크의 분야별 내용은 다음과 같다.

- 기후변화 적응과 물
  - 기후변화의 위험과 평가, 델터시티(Delta Cities)모임, Cool Cities
- 에너지
  - 지역난방 (District Energy), 도시건물에너지효율화(Municipal Building Efficiency), 공공건물에너지효율화(Private Building Efficiency)
- 재정과 경제발전(Finance and Economic Development)
  - 크레딧 가치, 녹색성장, 지속가능인프라구축 금융
- 기후변화대응수단과 기획
  - 기후변화대응수단, 보고

- 고형폐기물 관리
  –지속가능스레기관리시스템, 쓰레기의 자원화
- 지속가능 커뮤니티
  –기후긍정개발(Climate Positive Development)
  –지속가능도시발전(Sustainable Urban Development)
  –전환기본기술
- 교통
  – BRT(Bus Rapid Transit)
  –저탄소교통수단 (Low Emission Vehicles)

5.2.3 도시간 개별적 협력

도시별로 기후변화 대응의 우수사례를 나누고 교류하는 활동도 추진된다. 국제회의시 상호간 MOU를 하고 분야별로 협력할 수도 있고 주요 사례를 미팅 등을 통하여 상호 교류하고 협력할 수 있다.

다음과 같이 런던시와 서울시간 직접협력 교류사례를 예로 들 수 있다.

런던시와 에너지정책 협력을 위한 토론

- 일 시 : 2012.7.30(월)14:00~15:30 (현지시각)
- 장 소 : 런던시청 회의실
- 런던측 참석자: 에너지팀 수석매니저, 런던시장자문관, 서울시 관계관

1. 올림픽관련 건물은 에너지 효율적인 건물 구축
연료는 가스와 바이오매스의 조합이다.폐가스,즉 혐기성소화로 인한 바이오가스를 난방에 활용하는 방식을 개발하여 선수촌 안에 난방 네트워크를 구축했다.

2. 신재생 에너지의 경우는

올림픽공원에서 바이오매스 태양광 활용 에너지가 생산되며 태양열 발전시설도 일부 있다. 풍력도 추진했지만 바람의 양이 충분하지 않아서 현실성이 없다고 판단되었다. 그대신 공원 주변의 주택과 학교 에너지 효율화(BRP)에 투자해서 에너지 효율을 높였다.

3. 보리스 존슨 시장이 중점적으로 에너지추진 정책

수도 외곽의 대규모 석탄, 가스, 원자력 발전소에 의존하기보다 되도록 런던 안에서 더 많은 에너지를 생산하는 것이다. 50년 전에는 오염물질을 줄이고 대기를 정화하기 위해 발전소를 도시 바깥으로 밀어내는 정책을 취했다. 하지만 이제는 전기를 깨끗하게 생산할 수 있는 기술이 많아졌으니 그 정책을 뒤집으려고 하고 있다. 런던 시내에서 더 많은 양의 전기가 생산되도록 하는 것이다. 태양광도 런던에서 할 수 있는 역할이 있기는 있다. 특히 외곽지역에 지역난방을 공급할 때 태양광이나 폐기물 바이오매스를 활용할 수 있을 것이다.

4. 시청 건물도

패시브 건물의 예로, 비슷한 크기의 다른 건물에 비해 외부로부터의 에너지 공급이 훨씬 적다.

5. 신재생분야 보조금관련

런던시가 지원하는 것은 없고 정부에서 발전차액제(FIT)를 통해 지원한다. 정부에서는 이밖에 그린 딜(Green Deal)이라는 정책도 실시하고 있다 . 아마 한국에도 비슷한 정책이 있을 텐데, 에너지 요금을 절약하는 만큼 보조금을 주는 것이다.

6. 전기의 자체조달 가능한 양은

857기가와트시(GWh)에 불과하다. 건물 에너지 중에서는 2.5%, 전체 에너지 중에서는 1% 정도만 자급이 가능한 것이다. 현재 목표는 25%이다.

7. 에너지사용증가 전망

정부에서 내놓은 국가(영국)단위 전망치를 사용하는데, 여기서 보면 2050년까지 약간 증가할 것으로 보인다. 소비 증가 추세의 원인 중 하나는 전기차 사용량 증가다. 인구가 늘어나니까 자연스럽게 전력소비량이 늘어나는 측면도 있다.

8. 일부 기업에서 공간을 임대하거나 태양광 패널 설치를 지원한다.

가격은 업체에 따라 다른데 기본적으로는 대부분 발전차액지원제(FIT)를 활용한다.

9. 자치구별 에너지 절약 노력

10개 보로우(서울의 자치구와 비슷한 개념)에 10개의 저탄소지구를 조성했다. 가구 수로 치면 총 1,000개 정도 되는데, 우리가 일부 재정적 지원을 제공하고 각자 지역사회에 맞는 방법으로 탄소감축을 위해 노력하도록 하는 사업이다.

몇 가지 사례를 보자면 런던 북부의 한 저탄소지구에서는 막스앤스펜서와 같은 기업체 건물 옥상에 태양광 패널을 설치했다.FIT 시스템을 통해 발전차액을 지원받아 발생한 수익은 지역사회에 환원되고, 지역사회에서는 이 수익으로 지역사회에 필요한 다른 사업을 할 수 있다.

10. 자금조성

1억 파운드의 공적자금으로 런던녹색기금(London Green Fund)을 조성하고 이 기금을 활용해 민간분야로부터 추가 투자를 유치했다.

스코틀랜드 왕립은행에 서 5천만 파운드를 투자했고 유럽 차원에서도 5천만 파운드 유치에 성공했다.

런던폐기물재활용위원회(London Waste & Recycling Board)에서도 폐기물처리 프로젝트 추진에 이와 비슷한 방식을 취하고 있다.

향후 경제성은 있지만 당장 초기자금이 부족한 프로젝트에 융자 형식으로 투자하고, 프로젝트가 끝나면 투자금을 회수하는 식이다. 기본적으로 수익을 낼 수 있는 사업이지만 초기에 공적자금이 필요할 경우 그런 식의 투자를 한다.

※ 런던시청은 패시브 개념을 도입 열관리를 잘하고 있으며, 그림처럼 외부 차양을 설치하여 햇빛에 따른 자동온도 제어시스템 설치

런던 시청 전경

5.2.4 지속가능한 도시를 향한 ICLEI의 의제

ICLEI는 오랜 기간 축적된 지방행동을 기반으로 환경 중심의 지구 지속가능성을 실질적으로 개선하기 위해 전 세계 지방정부의 운동을 조직하고 지원하는 일을 사명으로 하고 있으며 주요한 10 가지 의제를 가지고 활동 방향을 추진하고 있다(ICLEI, 2015).

이러한 의제에 대한 개략적인 내용을 살펴보고 2014 서울 총회시 세션별 발표된 내용을 정리하여 도시별 논의사항과 앞으로 나가야 할 방향을 살펴보고자 한다.

5.2.4.1 지속가능한 도시 – 전반적 목표

지속가능한 도시는 현재 인구를 위해 환경적, 사회적, 생태적으로 건강하고 회복력 있는 거주지를 보장하며, 미래 세대가 같은 경험을 할 수 있는 능력을 훼손하지 않는다. 주요 목적은 종합적이고 포괄적인 방식으로 지속가능성을 달성하는 데 있으며 다른 목표를 희생해 한 가지 목표를 충족시키는 단편적인 접근을 통해 문제를 해결하기보다는, 부문간 정책을 통합해 생태적, 사회적 목표를 경제적 가능성에 연계시킨다. 통합적인 도시 해법과 진취적인 개선 목표에 전념하고, 장기적인 계획을 세우고, 시민들과 이해당사자들, 동료들과 함께 지속가능성 비전을 설계하고 실천한다. 그리고 민주적이고 참여적인 거버넌스 모델을 발전 및 성취의 기준으로 삼고, 공통적인 도시 미래를 위해 국제적으로 연계된 지방정부의 강력한 리더십을 고취하고 지원한다. 따라서 지속가능한 도시는 목표를 실행에 옮기고 현명한 투자를 하며 환경적, 사회적, 경제적 혁신 간에 발생하는 효과의 시너지를 강조한다.

5.2.4.2. 자원을 효율적으로 이용하는 도시

자원을 효율적으로 이용하는 도시는 생태도시라고도 불리며, 사회경제적 발전이 자원 이용 및 생태적 영향과 별개로 이루어진다. 이것은 물, 공기, 토양, 영양분, 광물, 자재, 동식물상, 생태계 서비스, 사회 및 재정 자원 등 각 분야에서 요구되는 모든 천연자원 및 인적자원의 투입을 최소화하는 동시에 자원의 질적 저하를 방지하고 폐기물 발생을 감소시킴으로써 가능하다. 도시 자원 관리는 이런 자원의 파괴, 남용 또는 오염을 막고, 가장 효율적이고 적합한 방식으로 관리할 때, 그리고 질적 개선, 보완 및 복구에 기여할 때 최적화될 수 있다.

생산적 도시는 새로운 도시 개발과 같이 현재 또는 미래 도시 시스템의 효율을 향상시키는 데서 한걸음 더 나아가 도시 자체를 (생태적, 경제적, 사회적 측면에서) 순수한 생산 시스템으로 만드는 데 목적이 있다. 따라서 생산적 도시는 국제 자원 사슬에 대한 의존도와 도시 근교 및 내륙지역에 가해지는 채굴 부담을 경감시킨다. 자원을 효율적으로 이용하는 도시와 생산적 도시는 지속가능한 통합적 도시 물 관리를 보장한다.

5.2.4.3 저탄소 도시

기후변화에 효과적으로 대응하기 위해서는 지역 이니셔티브가 포함되어야 한다는 사실이 확실시되면서 저탄소 도시는 에너지 관련 배출량의 71%를 차지하는 도시의 일원으로서 그 책임을 통감하고 있다. 배출 저감을 위해서는 사전 대책 마련, 실행, 모니터링 및 자체 보고로 이어지는 일련의 과정이 필요하며, 이 과정은 저탄소 및 탄소 중립 목표와 정책을 통한 지원을 필요로 한다.

저탄소 도시는 탄소 중립, 도시 회복력 및 에너지 보안을 향한 단계적 접근방식을 활용하며, 녹색 경제 및 안정적 녹색기반시설을 적극적으로 지원한다. 지방정부는 효과적인 수직 통합을 통해 기후행동을 최적화하는 방법을 공유하기 위해 다른 차원의 정부와 협력한다. 타 도시들과 더불어 노력의 양을 늘려가며 국제 표준에 따르고 국가 및 국제 플랫폼에 보고하는 한편 저탄소, 지속가능발전의 성과를 지속적으로 증대하고 기후변화에 대응하는 데 기여한 몫으로 지원을 받는다.

5.2.4.4 회복력 있는 도시

회복력 있는 도시는 기본적인 기능, 구조 및 정체성을 유지하면서 여타의 충격이나 스트레스를 흡수하고 회복할 준비가 되어 있고, 거듭되는 변화에 맞서 적응하고 번성한다. 도시가 직면하는 변화에는 자연재해 및 산업재해, 환경적 비상사태, 경제적 충격, 기후변화의 영향, 인구구조의 급변, 기타 예측하지 못한 사태 등이 포함된다. 회복력을 구축하기 위해서는 위험 인지 및 평가, 취약성 및 노출 감소, 저항력, 적응 능력 및 긴급사태 대비 능력 향상이 요구된다.

5.2.4.5 생물다양성 도시

생물다양성 도시는 다양한 자연계가 생물의 생존과 질을 결정하는 만큼 인류 생존의 기반임을 이해하고 있다. 이들은 생태계 서비스가 필수적인 도시 서비스만이 아니라 도시의 지역 경제, 지속가능성 및 사회복지에 기여하는 바가 많음을 인지하고 있다. 도시의 생물다양성은 세계 생물다양성 목표를 달성하는 데 크게 기여한다. 그 기여에는 생물다양성 손실의 완화, 도시 생활수준의 향상, 세계적 교육 및 인식에 지역적 기회 제공 등이 포함된다. 그 외에도 도시 생물다양성은 많은 이점을 제공하고, 건강, 빈곤 완화, 거주지 보존, 대기/수질 관리, 기후변화 적응/감축, 식량 공급, 기반시설 회복력 강화, 시민 행복과 연계된다.

5.2.4.6 스마트(똑똑한) 도시

'스마트(똑똑함)'는 지속가능한 발전과 회복력에 기여하는 것을 의미한다. '스마트(똑똑함)'는 건전한 의사 결정과 장기적, 단기적 관점의 고찰을 통해 총체적으로 접근하는 것을 의미하며, 이 접근은 바람직한 거버넌스와 적절한 제도적 인프라, 과정 및 행동, 혁신적인 기법, 기술 및 천연자원의 사용을 특징으로 한다. 세대간 정의, 환경적 정의, 사회적 통합 같은 지속가능성의 핵심 원리가 바로 '스마트(똑똑함)'이라는 기반이다. 스마트(똑똑한) 도시의 특징은 그 운영방식에 숨어 있으며, 보다 지속가능하고 회복력이 있는 도시로 거듭난다는 중요한 목표를 향해 간다. 똑똑한 도시는 물리적으로든(예: 에너지, 물, 폐기물, 교통, 오염배출원) 사회적으로든(예: 사회적, 경제적 통합, 거버넌스, 시민 참여) 투명하고 포괄적인 정보 피드백 메커니즘을 통해 도시 시스템을 분석하고, 감시하고, 최적화한다. 지속적인 학습과 적응에 매진하고, 시스템 사고의 적용을 통해 그 포괄성, 응집력, 대응성, 거버넌스 및 사회적, 경제적, 물리적 시스템의 성과를 향상시키고자 한다.

5.2.4.7 생태교통 도시(지속가능한 도시 교통)

생태교통 도시는 온실가스 배출량 및 에너지 소비를 감축하고, 대기 질을 개선하고, 모든 시민을 위한 교통수단을 확대시키는 등 지속가능한 도시 교통 원칙을 이용하여 보다 살기 좋고 접근이 용이한 도시를 만드는 목적을 달성한다.

지속가능한 도시 교통의 핵심 요인은 생태교통(EcoMobility)이다. 생태교통은 통합적이고, 사회 전체를 포괄하고, 친환경적인 교통수단에 우선권을 부여한다. 생태교통은 걷기, 자전거 타기, 비(무)동력 기구의 이용 및 대중교통 이용으로 이루어지며, 가능한 경우 공유되는 이동수단을 개인용 자가용을 대신하는 통합된 수단으로 통합시킨다.

5.2.4.8 행복하고, 건강하고, 포괄적인 공동체

행복하고, 건강하고, 포괄적인 공동체는 주요 발전 지수로 GDP를 넘어서 모두를 위한 건강과 행복을 최우선과제로 채택한다. 이 공동체는 활기차고, 깨끗하고, 건강하고, 포괄적이고, 평화롭고, 안전하며, 교육과 문화, 녹색 채용, 높은 삶의 질, 좋은 거버넌스를 제공한다.

이 공동체는 서로 소통하고, 의사 결정 과정에 동참하고, 고령화 사회의 요구를 반영한 계획과 청년층을 위한 발전 계획을 동시에 세울 수 있는 기회를 제공한다. 전 세계 많은 지역에서 고령화가 진행되고 있는 반면 청년층이 증가 추세를 보이는 지역도 있다. 행복하고, 건강하고, 포괄적인 공동체는 개인만이 아니라 사회 전체로 그 임무를 확대해 나갈 것이다.

5.2.4.9 지속가능한 지방경제와 구매

지속가능한 지방경제는 인간의 행복과 사회적 평등을 향상시키고, 환경적 위험과 천연자원의 부족을 크게 완화하며 자원 효율적이고, 탄소 비율이 낮고, 사회적 책임이 있고, 다양하다. 녹색성장산업 내 고용과 청정기술 투자, 혁신, 전문기술 및 기업가 정신을 창출하는 경제에 우선권을 부여하며, 이는 모두 지속가능한 도시를 만드는 필요한 요소들이다. 근본적으로 새로운 생산 및 소비 모델을 모색하며, 자원 소비 및 환경 악화에서 비롯된 경제 성장을 변화시키고 그 고리를 끊는 한편 재화와 용역 가격에 들어가는 환경적, 사회적 비용을 고려한다. 이러한 경제의 실현을 가능하게 하는 주체는 다름 아닌 실행 가능한 정책과 법적, 재정적 체계를 개발하는 데 매진하며 미래를 대비하는 지역 및 지방정부들이다.

공공구매는 지속가능성과 혁신을 주도하고 지속가능한 경제로의 전환을 유도하는, 엄청나지만 자칫하면 간과되기 쉬운 기회를 제공한다. 지속가능한 혁신 구매를 진행함으로써 지역 및 지방정부들은 세입이 책임감 있게 사용되고 공공구매력이 대내적으로

나 대외적으로나 상당한 환경적, 사회적 이득을 발생시킨다는 사실을 확인하게 된다. 구매를 효과적으로 이용하면 비용을 절감하려는 도시들을 지원할 수 있고, 좀 더 효과적이고 효율적인 방식으로 양질의 공공 서비스를 제공할 수도 있다.

5.2.4.10 지속가능한 지역

지역 및 지방정부들은 전 세계 지속가능성을 견인하는 중요한 동력원이다. 지속가능성 원칙에 부합되는 정책과 계획, 이니셔티브를 수립하는 동시에 그들은 관할구역 내 도시와 지자체들에 실행 가능한 제도적 여건을 제시하고, 대표직에서 우러나오는 권한을 국가 차원에서 영향력을 증폭시키는 데 사용한다.

도시-지역 간 협력과 도시-농촌 간 상호교류는 지역 및 지방 차원에서 지속가능성을 발전시키는 데 필요한 조건을 형성한다. 대중교통, 지역 및 지방 에너지 생성, 자원흐름, 식량 시스템, 생산적 도시-지역 및 도시 계획은 대부분 폭넓은 기능 분야에서 쉽게 접근할 수 있는 부문들이다. 다자간 거버넌스는 다양한 수준의 정부들이 공통된 방향으로 다양한 책임을 시행할 수 있는 조직화되고 책임감 있는 메커니즘이다. 정책 실행의 수직 통합뿐만이 아니라 이런 조율 역시 지속가능성 목표를 달성하는 데 중요하다.

5.3 신기후체제의 기후변화 대응

교토체제 이후 선진국과 개도국으로 양분되어 있던 기후변화대응 구도에서 참여 폭이 확대 되고 선진국 중에서도 자국의 여건에 따라 UNFCCC구도에서 벗어나 있던 국가도 합류함에 따라 실질적 온실가스 저감과 기후변화적응의 공감대가 확산될 것으로 기대되는 큰 변화가 이뤄지고 있다.

교토 의정서에서 여러 약점을 노출하여 왔고 그중에서 온실가스 감축 목표를 하향식 접근(Top-down)을 함에 따라 많은 국가가 의무에 따른 형식적 부담이 있어왔다. 그렇지만, 교토체제에서 온실가스를 감당하는 범위 또한 온실가스 배출 다량 배출국인 중국, 미국이 제외됨에 따라 실효성이 매우 약한 여건에 있었다.

그러나 파리합의(Paris Agreement)는 당사국들 중에서 대부분이 온실가스 감축에 자발적 기여하겠다는 의사(감축목표제시)를 표시 하였기 때문에 교토의정서 당시의 여건과는 다르고 향후 기후변화대응에 긍정적 영향을 줄 것으로 보인다.

물론 지구의 온도를 산업화 이전 대비 2℃ 보다 더 강화된 1.5℃로 낮추기로 노력을 추구한다는 점에 대해 일부 기상관련 전문가들은 현실성이 없다고 주장하기도 한다. 하지만, 헌법에도 명목적인 조항을 두어 정신을 살리려는 면이 있는 것과 같이 일단 온실가스 점감을 줄이기 위해 최대한 노력하는 과정을 중요시 하여야 할 것이므로 나름 의미는 있는 조항으로 생각한다.

파리합의문은 각 조항 별로 다양한 전문적 기술적 용어 심지어 정치적면까지 고려한 표현들이 녹아 들어있는 것으로 볼 수가 있다. 특히 반드시 해야 할 영역에는 단어의 동사 shall을 사용한 조항들이 있는데 이러한 부분이 어디인지도 눈여겨 볼 필요가 있다. 즉 표현 방법을 통해서 신기후체제에서 반드시 추구하는 내용이 어떤 것인지 살펴보는 데에 의미가 있다고 할 수 있다.

예를 들면, 제4조 2항 "각 당사국은 달성이 의도되어지는 성공적인 국가적으로 결정한 기여를 잘 준비하고 소통하고 유지해야 한다는 점에서 shall을 쓰고 있고 그러한 기여목표를 이루기 위해 구체적 목적(aim)과 함께 지역적인 완화방안을 강구하여야한다" 에서도 shall을 쓰고 있다. 즉 온실가스 감축 부분에 대한 내용에 대하여는 강력한 어조로 표현된 것을 알 수 있다.

그 외에도 제7조 9항 각 당사국은 기후변화적응계획에 대하여도 적절한 행동 계획을 수립 시행하는 면에서도 강한어조로 표현되고 있고, 제9조 1항 기후변화 완화와 적응에 관하여 선진국은 개도국을 위해서 재정적 지원을 제공하는 데에도 마찬가지로 강한 어조로 shall 이 사용되어지고 있다.

즉, 파리합의서는 각국의 합의를 이끌기 위해서 어떤 분야는 다소 덜 강한 어조가 정치적으로 쓰여지기는 하지만 전반적으로 기후변화대응을 위한 실행의 구체적 내용은 강한 어조가 대부분 그대로 표현되고 있는 것을 알 수 있다.

그렇다면 이제 어떻게 신기후제체를 준비할 것인가. 먼저 힘을 모아 추진해야한다고 생각한다. 주도권을 질 수 있는 분야를 중심으로 실행과정에 대한 협상력을 높여야 한다. 우리의 여건이 어떤지 전체적으로 분석하고 실제 감축과 적응을 하는 과정에서 개인, 기업, 국가별로 어떤 전략이 필요한 지를 선택해야 한다.

신기후체제는 하루, 이틀, 1년, 2년의 단기적인 과업이 아니라 지속적 장기적인 과업인 것이다. 여기에 우리나라의 대응에는 고려할 분야가 상당히 있는 것으로 보인다. 특히 기업의 사업추진과 정부 정책의 단점 중 하나는 단기간 즉 임기가 있는 경우에는 임기 내에 좋은 성과를 내려고 하는 경향이다. 그러면 내 임기 중에 좋은 성과를 내면 다음 임기는 고려하지 않아도 된다는 것인가 라는 질문에 봉착하면 답변이 어려운 경우가 과거에는 상당히 있어 왔다.

하지만 신기후체제는 그야말로 오랜 기간을 두고 단계적으로 다루고 준비하고 방향을 모색할 분야가 많이 있다. 또한 일개 부서에서만 만족한다고 되는 것도 아닌 것이다. 특히 통합 조정 기능이 미약한 것이 있다면 각 정부, 기업 단위에서 장기적 생사를 두고 차분히 힘을 모아야 할 분야인 것이다.

사업 영역에서 초기에 발전을 하다가 사라지는 기업 또는 관행들이 나타나고 있다. 예를 들면, 인터넷의 초기 발달과정에서 넷스케이프(Netscape)는 넷스케이프 커뮤니케이션즈 코퍼레이션에서 처음 개발했으며 현재는 AOL에서 개발하는 웹 브라우저 시리즈의 일반 이름이기도 하다. 예전에는 사용자 점유율에서 독보적인 위치의 브라우저였지만, 지금은 개발 및 지원이 중단된 상태다.

지금은 마이크로소프트에서 개발, 배포하고 있는 인터넷(Internet) 탐색기(Explorer)에 밀려 이제 자취를 감추게 되었다. 하지만 익스플로어도 언제 이러한 운명을 맞이할지 모르는 변화와 경쟁이 지배하는 사회를 살아가고 있다.

과거 어느 가정의 서재에 자리잡고 있던 유명한 두산 백과, 브리타니가백과사전 등이 근간에는 별로 사용되지 않는다. 이제는 위키피디아, 네이버의 지식인 등과 같이 사용자(user)에 의해 새로운 지식이 구축되고 보완 발전된다. 그에 따라 시대적 흐름에 어울리는 지식들이 지속적으로 추가 보완되는 시스템들이 개발되고 있다.

신기후체제는 혼자 힘으로 한 부서의 힘으로 한 국가의 의지만으로는 해결하기 어려운 다양한 이해관계로 얽혀 있다. 또한 경제 발전과도 연계되어 고려할 관련분야가 많이 존재하고 있는 실정이다. 따라서 과거의 유물과도 같은, '부처이기주의' 어느 부서의 독선 보다는 전체를 융합하고 아우르며 조정하는 역할이 매우 중요하다. 한가지 사례로 영국은 기후변화대응을 전담하는 에너지기후변화부(Department of Energy & Climate Change)를 두고 전반적인 기후변화에 관련된 사항을 총괄하고 있다. 기후변화대응 정책을 매우 적극적 총괄적으로 진행하면서 자국의 산업 형태 등에 맞는 정책이 무엇이지 연구하고, 자국의 향후 문제들을 고민하면서 정책을 추진하며 세계적으로 협상과정에 주도권을 잡으려 하고 있다.

우리나라의 경우 에너지는 산업부, 기후환경과 적응분야는 환경부, 다른 환경 분야는 국토교통부와 해양수산부 등 여러 부서로 업무가 나뉘어 있다. 물론 그간 견제와 균

형면에서 잘 해온 점도 있지만 대응과정에서 다른 의견이 나올 소지를 가지고 있는 것이 현실이다. 지속적 장기적 관점에서 조정과 통합을 위해 어떤 방향에서 어떠한 파워(power)가 행사 되고 있는지 살펴볼 필요가 있으며 전체적으로 조정과 방향을 세우는 것이 중요하다.

이러한 문제는 비단 중앙정부만의 문제는 아니다. 기업들이 총괄적이고 능동적이며 장기적인 관점에서 어떻게 기후변화대응과 기업의 생존을 다룰 것인지를 보는 것도 의미가 있다. 지방정부에도 이러한 기후변화대응은 완화와 적응이라는 큰 틀에서 다양한 부서로 역할이 나누어져 있으므로 향후 총괄적 조정과 함께 장기적이고 지속적이며 효과적인 대응방안이 필요하다.

APPENDIX

이클레이 서울총회 세션발표 요지와 시사점

주제별 분과회의 A A1 저탄소 도시 A2 회복력 있는 도시 A3 똑똑한 도시 A4 종합적 도시계획/효율적 자원관리 A5 리더십과 시민참여 A6 건강하고 행복한 포용적 지역사회 A7 거버넌스 A8 녹색도시경제	주제별 분과회의 B B1 저탄소 도시 B2 생태교통도시 B3 효율적 자원 관리 B4 효율적 자원 관리 B5 저탄소 도시 B6 리더십과 시민참여 B7 기후변화 B8 지속가능한 도시
주제별 분과회의 C C1 저탄소 도시 C2 회복력 있는 도시 C3 도시경관 프로젝트 C4 지속가능한 도시 C5 지속가능한 도시 C6 통합적 도시 계획 C7 도시의 지속가능한 발전 목표	주제별 분과회의 D D1 저탄소 도시 D2 회복력 있는 도시 D3 저탄소 도시 D4 똑똑한 도시 D5 통합적 도시계획 D6 회복력 있는 도시
특별주제회의 SP1 중국의 도시, 도전 과제와 기회 SP2 녹색도시 시상 프로그램 SP3 지방정부 파트너십의 최적화(도시 - 기업) SP4 지방정부 파트너십의 최적화(도시 - 연구기관) SP5 지방정부 파트너십의 최적화(도시 - 광역지자체) SP6 혁신과 리더십 SP7 물의 미래 SP8 지속가능한 혁신적 공공구매	

분과회의 A1 저탄소 도시

1. 세션개요

일 시	2015.04.09. 13:30~15:00
장 소	국제회의장
주 제	저탄소도시 저배출 발전전략: 포용력 있는 저배출 녹색 도시경제로의 이행 경로 (Low emission development strategies: Pathways to a low emission, green and inclusive urban economy

2. 세션요약

- A1 세션에서는 각 도시의 저배출 개발 전략에 대하여 소개함. 일명 「Urban-LED Project」[4] 저배출 도시 발전 전략은 사회 통합을 구현하는 저배출의 녹색 도시경제로의 이행 경로를 규정하는 전략임.
- 이는 도시의 저배출개발(Low Emission Development)의 약칭. 이 전략은 도시 개발 계획 및 절차에 통합되어 구현됨.
- 저탄소발전전략은 환경을 고려한 개발을 우선하는 것으로 개도국의 경우 개발을 추진하고 환경에 미치는 영향을 최소화하는 두 가지 목표를 동시에 달성해야 함.
- 인도네시아 보고르시는 자카르타와 가까이 위치하며 최근 급성장하고 있는 도시로 환경오염이 심각해지고 있어 폐기물관리, 도시계획, 도시 교통개발을 통해 이를 해결하려고 노력 중임. 또한, 폐식용유로 대중교통의 연료를 만드는 등 에너지 대안 정책도 추진하고 있음.
- 교토시는 일본의 6대 도시이며 교토의정서가 채택된 곳임. 따라서 환경보전을 위해서 노력을 많이 하고 있으며 특히 재생가능에너지 정책에 주목하여 태양광 패널을 설치하는 가구에 보조금을 지급하거나, 폐식용유를 사용해 디젤을 생산하고 있음.

---

4 저배출 도시 발전 전략은 사회 통합을 구현하는 저배출의 녹색 도시경제로의 이행 경로를 규정하는 전략임.

- 남아프리카공화국 스탠저시는 태양광으로 가로등을 가동하여 에너지 절감 중. 친환경 조리기구를 사용하여 에너지 효율적인 조리를 유도하고 있음. 또한 신규 건물은 에너지 절약형으로 건설 중.
- 레시페시는 브라질 북동부에 위치하고 있으며 빠르게 성장하고 있음. 녹색 면적이 많은 도시이나 습지와 강을 끼고 있어 물에 잠길 위험이 있음. 자체적으로 이산화탄소 저감을 위한 노력을 기울이고 있으며 주민 대상 환경 교육을 시행 중.

3. 시사점

- 저배출도시발전전략(Urban LEDS)은 적용될 도시 거주민들의 규모에 따라 많게는 수십 억 명에 달하는 도시 거주자들의 생계 개선은 물론, 즉각적이고, 직접적이며, 비용 효율적이고, 측정이 가능한 방식으로 온실가스 배출량을 감축할 수 있음.
- 보고르시의 저배출도시발전전략 적용 사례를 봤을 때 이클레이의 녹색 도시 네트워크(Green Cities Network)는 지방정부가 저배출발전의 지원을 받도록 하는 기회가 될 수 있음.
- 저배출도시발전전략은 탄소 배출 저감에 있어 도시 간 자극제가 될 수 있으며 이것은 제2단계의 저배출도시 발전전략의 일환이 될 수 있을 것임.
- 하지만 서울의 경우 이미 선진국의 대도시 면모를 갖추고 있는 도시이기 때문에 저배출도시발전전략을 그대로 적용하기보다 사례 또는 특정 지역에 맞게 개량 적용할 필요가 있음.

분과회의 A2 회복력 있는 도시

1. 세션개요

일 시	2015.04.09. 13:30~15:00
장 소	갤러리 문
주 제	회복력 있는 도시 회복력 있는 도시로의 발전: 도시의 적응과 회복력에 대한 새로운 접근법 (Advancing the Resilient City: New developments and directions in urban adaptation and resilience)

2. 세션요약

- A2 세션에서는 지역사회 차원의 기후 변화 적응 및 완화에 관한 통합적 방법론을 도시 공간 설계의 관점에서 살펴보고 이 주제를 다루는데 있어서 논의되어야 할 핵심 원칙에 대해서 알아봄.
- 캐나다 밴쿠버의 의제 중 하나는 2020년까지 가장 살기 좋은 도시가 되는 것이며 여기에는 리더십, 계획, 실행, 참여가 중요. 기업의 노조, 교회, 종교단체 등이 이 도시 계획에 참여 중. 온실가스 6% 감축, 녹색 일자리 18% 향상, 지역 농산물 30% 증가, 지역 도보자 10% 증가 등의 노력을 지속적으로 기울임.
- 미국 볼더시는 기후변화 적응과 완화 쪽에 많은 노력 중. 저지대에 위치하기 때문에 홍수 대비와 침수 대책 마련, 도시의 회복력에 대해 여러 가지 고민 중. 80개의 지하 자전거 도로를 만들어 홍수뿐 아니라 화재 확산 방지에도 성과.
- 멕시코에 있는 도시 중에서 도시 기후 행동 계획을 수립한 첫 도시로 개도국은 특히 기후 변화에 대응하고 행동하는 것이 중요함.
- 멕시코 톨루카시의 회복력 프로그램은 4가지 단계로 첫 번째는 리더십 전략, 두 번째는 인프라 환경 계획, 세 번째는 경제 사회 통합 촉진, 네 번째는 지역 사회에 정보 제공임.

3. 시사점

- 도시의 현재 도시회복력에 대한 이해와 접근방법에 대한 이해 가능.
- 지방정부가 전체적인 도시적응과 회복력 전략을 지원하기 위해서는 이용 가능한 다양한 도구, 협약 및 네트워크가 필요함.
- 추진의 원동력을 위해서는 새로운 방향, 발전, 파트너십뿐만 아니라 도시 회복력 실행을 촉진시킬 잠재적 능력이 중요함.
- 각 도시의 회복력을 높이기 위해서는 도시 리더들의 각성과 시민 차원의 노력이 동시에 필요하며 정책결정자들과 시민들 사이의 커뮤니케이션이 매우 중요함.
- 현재 적응과 완화 정책은 개념적으로 그리고 실행의 측면에서도 충분한 논의가 이루어지고 있지 않음. 두 정책의 관계가 대립적인지 상호 호혜적인지, 지역적 효과와 세계적 효과는 어떻게 다른지, 시기적으로 단기적, 장기적인 의미에는 어떤 차이가 있는지에 관한 논의가 충분히 이뤄져야 실제 기후 행동에도 반영될 수 있을 것.
- 서울시의 경우 도포율이 높은 대도시의 특성상 집중호우 시 침출수 관리 어려움으로 광화문 침수, 강남역 침수 등을 빈번하게 겪고 있으며 여름철 홍수에 대비한 대책 마련이 필요한 상황임.

분과회의 A3 똑똑한 도시

1. 세션개요

일 시	2015.04.09. 13:30~15:00
장 소	유어스 패션아트홀
주 제	똑똑한 도시 지속가능한 도시를 위한 '똑똑한 도시' 구현 전략 (What is a 'Smart' city?)

2. 세션요약

- A3 세션에서는 스마트도시에 대해 다루고 있음.
- 스마트도시란 좀 더 지속가능하고, 자원과 에너지 효율성을 향상시키며, 시민들에게 더 나은 서비스를 제공하는 도시를 말함. 또한 급격한 도시화 과정 속에서도 높은 삶의 질을 추구하고 있는 도시들 중 끊임없는 교육 과정을 통하여 도시 시스템을 분석, 관리, 최적화하고 있는 도시를 뜻함.
- 스웨덴 스톡홀름시는 2040년까지 화석연료 없는 도시를 만드는 것을 목표로 Grow Smarter 프로젝트를 시작. 스톡홀름은 스마트 도시로 발돋움하기 위한 노력으로 도시 전체에 초고속 인터넷을 까는 것, 자전거 이용률을 높이는 것, 프라이버시 문제의 중요성 등을 제시
- 덴마크 코펜하겐에서는 쉐어링 코펜하겐 슬로건을 만들었는데 이는 성공과 실패 사례를 모두 공유하자는 취지임.
- 독일 베를린은 동베를린과 서베를린의 인프라 연결 등 도시 형성 과정을 발표함. 스마트 도시 형성을 위해서는 여러 학계와 업계의 협력이 중요함을 강조.
- 패트리시아 메카트니는 '스마트 시티에서의 데이터의 중요성'에 대하여 발표하여 국가를 넘어선 도시들 간의 데이터의 표준화의 필요성을 강조.
- 이클레이 사무국 부사무총장인 에마니 쿠멀은 '100 스마트 시티 프로그램의 인도 사례'를 통해 깨끗한 도시 만들기 등 다양한 정책에 대해 발표.

3. 시사점

- 현재 이클레이의 스마트시티 어젠다를 파악할 필요가 있음.
  - 스마트시티 정의에 대한 다양한 토론과 스마트시티를 발전시키는 것이 무엇인지 알아내는 것, 스마트 시티 적용을 위해 현재 다양한 도시 사례들에 대해 연구하는 것 등이 현재 이클레이의 스마트시티의 어젠다에 해당함.
- 이클레이 전략 계획에 따르는 것이 장기적으로 스마트시티 건설에 유리함.
  - 사람을 중심에 두는 것, 지속가능성을 추구할 것, 지식 교환과 지역적 행동을 중요시할 것, 표준화할 것, 전략적 경제 협력 체계를 구축할 것, 도시-기업간 협력할 것, 시스템을 통합하고 도시 NEXUS를 중심 이슈로 선정할 것.

분과회의 A4 통합적 도시계획/효율적 자원관리

1. 세션개요

일 시	2015.04.09. 13:30~15:00
장 소	디자인세미나실
주 제	통합적 도시계획/효율적 자원관리 통합적 도시계획 수립을 위한 도시 연계(Urban NEXUS) 전략 (Urban NEXUS approaches for resource efficient and integrated cities)

2. 세션요약

- A4 세션에서는 도시 연계(Urban NEXUS)란 통합적 도시개발 해법 설계를 위한 하나의 접근법을 다룸. 사회, 공공행정, 정책 입안 등에 있어 부문별 사고, 책임의 분산 등을 지양하는 대신 협력적이고 조화로운 접근법을 권장하기 위한 것이다. 이 회의에서는 아프리카 및 아시아의 시범사업 참여 도시들이 자원 관리를 위한 사고와 실천을 통해 쌓은 경험을 토대로 도시 연계를 운용하는 데 필요한 구체적인 방안들이 무엇인지 발표할 예정이다.
- 통합적인 자원 관리를 위해 아시아의 몇몇 도시에서 Unban nexus를 진행 중이며 물, 에너지, 토지 등이 포함됨.
- 세계 인구는 곧 90억이 되며 동남아시아의 인구 증가율은 그 중에서도 높은 편이고 물, 에너지, 식량 자원은 지속적으로 그 양이 줄어들고 있음. 지금과 같은 소비 양상이면 2030년에는 부족이 예상됨.
- 아시아태평양 지역은 전 세계적으로 재난이 가장 많은 곳으로 Urban nexus를 통해 사회적, 물리적 인프라를 모두 구축하여 탄력적인 구조를 만들고자 함.
- 기존의 접근법은 사업비용을 증가시키고 당사자들도 적극적으로 참여하지 않는 것에 비해 국가 및 지역 차원에서의 참여를 이끌어낼 수 있음.
- 폐수 문제는 대도시라면 모두 겪고 있는 문제로 중국의 경우 지난 10년간 폐수 처리에 많은 돈을 투자함. 5백만 인구의 도시에서 슬러지로 메탄을 생산하고 이를 택시에 이용하는 사례 등.

3. 시사점

- Urban NEXUS의 접근방법, 방법론적 프레임워크와 기술의 개요를 파악하여 적용 가능.
- ICLEI 동남아시아와 GIZ를 통해 아시아에서의 Urban Nexus 프로젝트가 NEXUS를 제도화하기 위해서 사용된 플랫폼과 방법들을 각 도시 사례들을 통해 제시.
  - 예를 들면 국가–지역 간 소통 수행, 도시 연계 맵핑, 관계자들 학습, 연계를 통한 젠더 문제의 고려 등.
- 도시들의 경험 공유가 가능해지며 Urban NEXUS의 운용과 제도화 적용 가능.
- 도시의 가장 기본적인 기능들이 가장 문제가 되며 가장 중요함.

분과회의 A5 리더십과 시민참여

1. 세션개요

일 시	2015.04.09. 13:30~15:00
장 소	유어스 세미나실
주 제	리더십과 시민참여 지속가능한 도시를 위한 시민참여 전략 (Mobilizing citizen engagement for sustainable cities)

2. 세션요약

- A5 세션에서는 지속가능하고 사회통합을 지향하는 발전에 대해 다룸. 지속가능한 도시는 도시 개발 과정에서 도시 계획과 실행, 점검에 대한 시민사회의 충분한 참여가 있을 때 달성 가능.
- 민주주의 사회에서는 시민들이 새로운 해결책의 적합성 여부를 판단하는데 있어서 그 견해와 반응이 전문가 결정과 함께 처음부터 고려됨. 도시 문제의 많은 해결책은 종종 기술적인 가능성과 더불어 시민 수용 여부에 달려있음.
- 현대 사회가 화석연료를 토대로 구축된 생활로 부터 전환이 일어남에 따라, 시민들은 적응 및 주류화 된 지속 가능한 행동 변화를 보기 위해서 유의미한 참여가 필요한 상황.
- 이 세션에서는 성공적인 지역사회 참여 캠페인을 통하여 지속가능한 정책과 사회인프라 투자를 토대로 효과적으로 시민들의 참여를 이끌어 낸 스웨덴, 남아공 그리고 호주와 캐나다 지방정부의 사례를 살펴봄.
- 지속가능한 교통과 스마트 도시 인프라와 에너지 효율성 제고를 포함한 모든 부문에서 시민을 참여시킨 지방정부의 사례들은 시민의 높은 참여가 지역사회의 지속가능한 문제들의 수행을 이끌어나가는데 얼마나 중요한 요소인지 확인시켜줌.
- 수원시의 사례에서 알 수 있듯이 시민 참여를 성공적으로 이끌어나가기 위해서는 위로부터의 환경정책을 실현하겠다는 강한의지와 대중친화적인 리더십이 필요. 시민들을 프로젝트 기획의 가장 첫 단계에서부터 참여함으로써 모든 과정에 의견을 반영하는 것이 바람직한 시민참여의 형태

3. 시사점

- 다양한 글로벌 도시들의 참여 문화에 대해 개괄적인 접근이 가능.
- 시민들의 효율적이고 자발적인 참여를 위한 기본 조건과 정치적 배경으로 어떤 것이 필요한지 상기할 필요가 있음.
- 도시가 당면한 여러 문제들에 대한 아래로부터의, 그리고 즉각적이고 유연한 해법이 실행되도록 하기 위해서는 시민사회단체의 역량이 지방행정에 통합되어야만 함.

분과회의 A6 건강하고 행복한 포용적 지역사회

1. 세션개요

일 시	2015.04.09. 13:30~15:00
장 소	북세미나실
주 제	건강하고 행복한 포용적 지역사회 지속가능발전과 여성 리더십 (Women leaders transforming cities)

2. 세션요약

- A6 세션에서는 지방정부들이 어떻게 여성 리더십을 육성하며 모든 층위의 참여를 이끌어 낼 수 있는지에 대해 논의.
- 도시 거버넌스에서 여성의 역할은 점점 커지고 있으며 참여도 증가하는 추세.
- 여전히 존재하는 장애물들을 극복하기 위해 정책 개발 단계부터 시행에 이르기까지 모든 과정에서 여성의 자발적 참여를 높이기 위한 프로그램과 사업을 진행 중. 정책과 법제적으로 여성의 참여 보장.
- 다양한 시의 정책과 사업 예시를 통하여 지속가능한 도시에서 여성의 역할과 여성이 만들어 갈 수 있는 변화에 대해 이야기 하는 것이 중요. 여성의 대표성을 높이기 위한 인식과 제도적 차원의 제고가 필요.
- 성 주류화 관련 예산의 측정 및 집행 중요. 행동을 통해 변화를 만들어 내는 과정에서 여성 리더십이 갖는 의미는 특별함. 성평등뿐만 아니라 민주주의적 관점에서도 여성과 소외된 계층의 목소리에 귀 기울이는 것 중요.
- 생물학적 성에 대한 논의에서 젠더 의식으로의 접근의 관점 전환 중요. 기후변화와 지속가능발전 도시에서도 여성의 역할과 여성 리더십에 관한 논의가 갖는 의미가 큼. 젠더는 반드시 언급해야 하는 주제이자 도전과제로 지자체 차원에서의 논의가 중요하며 이를 통한 정책적 합의와 action plan의 마련 등이 요구됨.

3. 시사점

- 여성들의 완전하고 실효성 있는 참여가 보장되는 의사결정구조를 만드는 것은 사회적 배척과 불평등이 척결된 포용적 도시 구성을 위해서 필수적인 과제임. 동시에 이는 모든 도시 거주자들의 당연한 권리의 문제임.
- 여성이 리더십 위치에 있는 것은 성평등뿐만 아니라 민주주의의 관점에서도 의미 있음. 세상을 바꿔나가기 위한 노력의 일환에서 여성과 젠더에 대한 논의 계속 되어야 할 것.
- 여성들에게 직면한 장애물과 과제들을 여성 리더십을 가진 자들이 대변하여 해결해야 하는 책임감을 가짐.
- 행정적인 절차에서 남성과 동등한 비율로 분포되어 있는 여성의 비율은 도시 내 민주적 절차 해결에 있어 대표성을 가지며 행정 절차 참여자들의 편의를 도모할 수 있을 것임.

분과회의 A7 거버넌스

1. 세션개요

일 시	2015.04.09. 13:30~15:00
장 소	디자인 나눔관
주 제	거버넌스 한국회원 특별 세션: 지역 지속가능발전을 위한 지자체-시민사회 협력방안 모색 라운드테이블 (Measures and strategies for a collaborative implementation of the Korea Initiative 2015-2018 with the local civil sector)

2. 세션요약

- A7 세션에서는 지방정부와 시민사회 파트너 간에 합의된 한국 전략계획 이행방안을 발표하고 지역단위 이행계획을 확정한 지자체와 추진 의지를 결의한 지자체 등의 협약식이 있었음.
- 서울선언문과 2015-2020 이클레이전략계획(서울계획)과 연계한 한국적 과제 발표. 지역단위 지속가능성을 평가하고 지역기후행동 강화 다짐. 지속가능한 소비와 생산를 위한 10% 캠페인 이행 계획과 추진경과 및 추진계획 발표.
- 지방의제 21과 한국전략계획의 4가지 핵심과제와 연계한 활동 전개 중. 지방의제21을 기후의제 21로 개편하는 것을 제안.
- 대구에서는 시민참여로 태양광에너지를 보급하고자 계획 중. 이를 효율적으로 추진하기 위해 지방 거버넌스의 협력을 최대한 활용하고자 함.
- 오산의 사례를 볼 때 지자체간 협력이 중요. 지방의제가 포괄할 수 있는 실천사항 제시.
- 인제군은 2020년까지 신재생에너지 자립 100% 군을 계획 중이며 김포시 역시 에너지제로도시를 추진 중.
- 의제의 회의과정 개선과 지속가능한 지속가능정책을 차기 지도자에게 인수인계하기 위한 방안 마련. 지자체의 여건이 다르기 때문에 지역별로 거버넌스를 추진하는 것이 필요.

3. 시사점

- 지속가능한 성장을 위한 지방정부의 의지가 중앙정부의 정책으로 실현되는 계기를 마련하기 바라며 우리 지방정부들이 지속가능한 사회 구현에 앞장서는 역할을 더욱 더 확고히 할 수 있기를 기대함.
- 효율적 추진을 위한 당면 과제로는 다양한 이해관계자들 간 합의와 이해, 유관 기관들과의 능동적 협조체계 구축, 관련 부서 간 유기적, 통합적 업무추진 등이 있음.
- 이클레이 한국사무소를 통해서 해외 지방정부들의 사례를 알게 되고 한국전략계획 추진에 관한 도움을 받고 확산을 시키는 플랫폼 역할을 할 수 있을 것임.

분과회의 A8 녹색도시경제

1. 세션개요

일 시	2015.04.09. 13:30~15:00
장 소	유어스 대교육장
주 제	녹색도시경제 공유도시: 소유에서 접근으로 (Sharing cities: From ownership to access)

2. 세션요약

- A8 세션에서는 공유경제 영역에서 선도적인 움직임을 보여주고 있는 도시들이 모여 공유도시라는 비전 수립을 지원하고, 공유도시의 잠재력과 장점을 분석함.
- 공유경제가 도시에서 어떻게 이루어지고 있는지 도시별 사례를 중심으로 경험을 공유.
- 공유경제와 공유도시에 대한 개괄적인 설명 후 그것을 가능하게 만들기 위해서 지방정부와 각 이해관계자들의 긴밀한 소통과 협력이 중요함을 강조.
- 서울시 혁신기획관의 사례발표에서 서울시가 지금까지 공유 가치를 도시 내에서 확산시키고 많은 사람들을 동참시키기 위해 어떤 일들을 해오고 있었는지 설명.
- 세어허브 프로젝트에서 세어허브는 도시 내 공유가치들에 대한 정보 교환과 교류를 활성화하기 위해 만들어진 일종의 플랫폼으로 자체적인 교육과 행사, 캠페인으로 도시 내에서 공유가치를 확산시키기 위한 노력.
- 공유도시는 어떻게 만들어지는가, 공유도시를 가능케 하는 요소는 무엇인가, 극복해야 할 난관에는 어떤 것들이 있는가, 또 공유도시의 주체는 누구인지에 대한 고민이 계속되어야 할 것.

3. 시사점

- 공유 경제에 있어 추진 체계는 먼저 공유이니셔티브로 법, 잉여역량, 현재 상태를 평가하고 정책입안자, 시당국, 시민사회 등을 대상으로 관련이해관계자분석이 있어야 하며 교통 등 각 분야 별 기회를 맵핑함. 비전을 설정해 창의적으로 미래의 모습을 그려보고 프레임워크를 설정한 후 이행을 위해 전문가의 도움을 받음.
- 서을의 장점은 빠른 속도이며 서울과 다른 방식으로 공유 경제가 활용되고 있는 사례를 눈여겨 볼 필요가 있음.

분과회의 B1 저탄소도시

1. 세션개요

일 시	2015.04.09. 15:45~17:15
장 소	국제회의장
주 제	저탄소도시 저배출발전전략과 중앙-지방정부의 유기적 협력 (Effective vertical integration between different levels of government on climate action)

2. 세션요약

- B1 세션에서는 개발도상국들의 자발적 온실가스 감축활동(Nationally Appropriate Mitigation Actions: V-NAMAs) 계획 및 이행을 위한 지방정부의 역할을 탐구함. 지속가능한 도시 발전을 위한 효과적인 도구로서의 V-NAMA가 가지고 있는 재정적, 정치적, 호혜적, 사회적 이점을 고찰.
- 도시, 지역, 주 등의 로컬과 지방 행위자들은 전형적으로 환경구축, 교통, 폐기물 및 수자원 관리 및 도시계획 등 온실가스를 분출하는 핵심적인 부문에 대해 책임져야 할 의무를 지님.
- 인구증가, 에너지와 자원의 무분별한 사용 등으로 인해 상기 부문들로부터의 탄소배출은 지속 증가할 것으로 예상. 인류는 수직통합 접근법을 통해 정부 내 모든 단계에서 계획, 시행 및 모니터링의 긴밀한 시너지를 창출함으로써 국가 기후변화 전략의 효과를 최대화시키는 새로운 차원의 접근법이 필요.
- 서로 다른 수준의 정부 사이에 효과적인 수직통합의 모습은 어떠한지 남아공, 멕시코 그리고 인도네시아의 사례를 통해 살펴봄. 멕시코에서는 성격이 전혀 다른 두 주인 할리스코, 타바스코를 대상으로 영국의 카본 트러스트에서 제공하는 환경분야의 계획에서 검토의 프로그램을 통해 변화를 꾀하고 있음. 남아공 역시 자체적인 모니터링 프로그램 인프라를 구축하여 각 도시간의 정보를 공유하며, 정책 적용을 못하는 지방을 한눈에 파악하는 시스템을 갖춤. 인도네시아의 경우 새로 부임한 시장의 진취적인 리더십을 바탕으로 시민대상 다양한 캠페인을 펼치며, V-NAMA 프로그램으로 폐기물관

리에 집중하는 양상을 보임.

3. 시사점

- 지방정부(주, 지역, 도시)는 폐기물 관리, 건물, 도시 교통 등 다수의 온실가스 배출 부문에서 결정적인 경쟁력을 가지고 있음.
  - 온실가스 배출전망치(BAU, Business As Usual) 시나리오에 따르면 도시 팽창에 따른 자원과 에너지 소비의 증가로 이들 부문에서의 탄소 배출량은 앞으로도 계속해서 늘어날 것으로 예상됨.
  - 따라서 이에 대한 지방 정부의 주도권 있는 개입이 요구됨.
- 국제 기후변화 협상에서 지방정부의 목소리를 대변하는 이클레이(ICLEI)는 UNFCCC와 협력하며 지방정부 차원에서의 수직통합 접근법을 적용하는데 노력 중임. 하지만 지방정부는 만성적인 예산부족과 다양한 이해관계로 인한 정부 권한 자체의 부제 등이 지역 환경문제를 해나가는데 한계점 제시. 이를 극복하기 위한 노력 필요할 것

분과회의 B2 생태교통 도시

1. 세션개요

일 시	2015.04.09. 15:45~17:15
장 소	유어스 패션아트홀
주 제	생태교통 도시 생태교통연맹: 앞서가는 도시들을 위한 효과적인 파트너십 (EcoMobility Alliance: Effective partnerships for cities on the move)

2. 세션요약

- B2 세션에서는 도시 관계자와 전문가가 모여 생태교통 프로젝트의 실행, 관리, 평가, 재정지원을 목표로 그들의 경험과 전문 지식을 공유.
- 창원시는 2010년 자전거 특별시 창원 프로젝트를 통해 한국의 대표적 자전거 도시로 인정받았고 한국전기연구원의 협조를 받아 전기차 보급 정책을 본격적으로 추진하여 현재 211대의 전기차를 보급하여 운영 중임. 하반기에는 스마트폰 앱을 이용하여 자전거 등록 제도를 실시할 것 예정.
- Boulder시는 IT 중심 산업 발전이 이루어져 출퇴근 인구가 많기 때문에 교통 정책에 재정비가 필요했음. Boulder Junction이라는 교외 지역을 도심 지역으로 바꾸기 위한 재개발이 진행 중이며 보행자들 위주의 거리 조성 추진.
- 토야마시는 노령화가 진행 중인 것을 염두에 두고 신설된 신칸센 역을 중심으로 대중교통 밀집 지역을 형성하고 그와 가까운 주거 지역을 조성하는 것을 목표로 함. 다양한 노인 우대 정책을 병행.
- 청주시는 교통 체증 및 안전 문제가 있는 도로를 완전도로로 조성함으로써 얻게 된 효과와 완전도로 조성에 있어서의 시민 참여 과정을 강조.
- 대만 Kaoshiung시 자가용 및 오토바이 이용 비율이 높으며 이를 개선하기 위해 대중교통 이용 증대를 위한 개선 정책을 펼치는 중임. 카오슝시는 MRT 노선을 확장하고 순환형 LRT 노선을 도입하려 하며 향후 저탄소 도시로 변모 추진 중.

3. 시사점

- 도시 관계자와 전문가들은 생태교통의 장점과 단점에 관하여 논의하고 동시에 생태교통에 성공한 서로 다른 도시들이 어떻게 각 도시의 성격에 맞게 모범 사례를 활용했는지에 대하여 살펴볼 수 있음.
- 주차 공간 때문에 도시 공간이 죽는다고 말할 정도로 문제이다. 주차요금이 대중교통 요금보다 높아야 시민들이 대중교통 선호하게 됨. 하지만 대중교통의 편리성이 갖추어 있어야 실현가능.

분과회의 B3 효율적 자원 관리

1. 세션개요

일 시	2015.04.09. 15:45~17:15
장 소	디자인 나눔관
주 제	효율적 자원 관리 지속가능한 폐기물 관리 방안 (Sustainable Waste Management)

2. 세션요약

- B3 세션에서는 폐기물을 매립하는 대신 새로운 자원으로 전환하려면 지방정부는 지역기업이나 일반 가정과 어떻게 협력해야 하는지 알아봄.
- 에드먼튼시는 신규 매립지를 정하는 문제로 인하여 폐기물 문제를 겪어옴. 매립지를 늘리지 않고, 폐기물을 줄이는 방법을 추진. 폐기물을 자원으로 활용하거나 퇴비를 만든 것이 그 사례. 또한, 시민 교육을 통해 인식을 개선.
- 캐나다의 벤쿠버 시의 경우 폐기물 양을 줄이고, 재사용하고, 재활용하는 전략으로 지속가능성을 높이기 위한 노력을 기울임.
- 오슬로시의 경우에는 폐기물관리공사를 두어 폐기물관리에 대응하고 있음. 모든 가정에서 분리수거를 철저히 하여 사용 중인 매립지가 없게끔 쓰레기 배출 감소.
- 폐기물 투기가 심각한 심라시는 오염자부담원칙을 도입하여 이를 기반으로 요금을 부과하는 방식으로 해법 마련. 또한, 각 가구에 쓰레기통을 제공함으로써 투기를 줄임.
- 다수의 지방정부들이 폐기물의 에너지 전환, 폐기물 감축 전략, 재활용 구상 등 폐기물에 대한 혁신적이고 통합적인 해법을 시범적으로 실행해오고 있으며 이를 전략적으로 배울 필요.

3. 시사점

- 지방자치단체가 쓰레기를 줄이는 방향으로 주민 습관의 변화를 가져오려면 자원 순환 고리를 도입과 혁신적 폐기물 회수 체계를 도입이 필요함.
- 행정 운영의 효율성을 강화하기 위해서는 폐기물 관리가 지자체의 다른 업무들과 총체적으로 통합되는 것이 바람직하며 성공적인 폐기물 관리를 위해 지방정부들이 채택한 첨단 기술과 단순 기술에는 어떤 것들이 있는지 주목할 필요가 있음.

분과회의 B4 효율적 자원 관리

1. 세션개요

일 시	2015.04.09. 15:45~17:15
장 소	디자인세미나실
주 제	효율적 자원 관리 도시건강: 동아시아의 초국경적 대기오염 문제 대응 전략 (Urban Health: Cities cooperate on air pollution in Northeast Asia)

2. 세션요약

- B4 세션에서는 세션에서는 대기질 문제를 다루어 온 경험이 풍부한 도시들이 참가하여 초국경적 오염 문제를 극복하기 위한 기술적, 경제적 도구들을 공유함. 그 해법 중 하나로 오염물질 배출량이 많은 수송, 산업 등 부문에서의 규제와 혁신을 다룸.
- 세계보건기구는 운송, 주택, 질병, 서비스 질환 등으로 인한 다양한 데이터를 적절한 툴과 메커니즘을 만들어 연결시키려는 노력 중.
- 깨끗하고 지속가능한 에너지에 접근하면 어떤 헬스케어의 편익이 있는가에 대해 생각해야 함. 뉴질랜드 연구는 기대수명을 늘릴 수 있고, 남아공 슬럼에서는 단열, 난방을 제공해 시민의 삶의 질과 기대수명을 모두 늘릴 수 있었음.
- 중국에서는 대기질 개선을 위해 북경에 있는 총 4개의 석탄 발전소를 폐쇄할 계획임. 이러한 에너지 계획을 실행하기 위해서 활용하려는 에너지원은 천연가스, 신재생에너지, 원자력발전 등. 2020년까지 20%까지 확대하는 것을 목표로 함.
- 중국의 저탄소 정책과 녹색 정책을 위해서 경제 개발이 뒷받침되어야 하기 때문에 딜레마에 빠져 있는 것이 사실임. 또한 도시 유입 인구가 빠르게 증가하는 상황에서 에너지 수급 문제 또한 중요함.
- 서울은 2007~1012년까지 약 8200억원을 들여 경유차에 DPF를 부착하고 경유버스를 전량 CNG 혹은 전기차로 변환시키는 노력을 해옴. 도로 물청소 및 진공흡입 청소차 운행 중이며 전기차 인프라 구축을 위해 노력 중.

- 기타쿠슈는 대기환경 개선을 위한 도시 간 협력을 강조. 민간 기업의 기술, 인재를 전 세계로 활용하는 것이 중요. 따라서 대기환경 개선을 위한 산관학 협력 및 국제협력에 관심.

3. 시사점

- 동아시아 지역 내 무방비 상태의 대기오염이 지방정부, 특히 화석연료 의존 지역으로서 급속한 도시화를 겪고 있는 지역들에서 점점 더 심각한 문제가 되고 있음을 인식하고 지방정부는 초국경적 전략을 통해 해당 지역 내에서 국제적으로 승인된 대기질 수준을 만족시킬 수 있어야 함
- 대기오염 문제는 도로 수준에서부터 전 지구적 차원에 이르기까지 다양하게 나타나며, 도시와 지역, 국가의 경계를 뛰어넘음.
- 동아시아에서 초국가적 협력을 통해 월경성 대기오염 관리에 만전할 기할 필요.

분과회의 B5 저탄소도시

1. 세션개요

일 시	2015.04.09. 15:45~17:15
장 소	유어스 대교육장
주 제	저탄소도시 도시 간 협력을 통한 아시아 저탄소 도시 구현 (Local and national government cooperation for green technology and sustainable development)

2. 세션요약

- B5 세션에서는 동아시아 도시들의 정책 이행 및 프로젝트 경험이 공유됨. 지방정부가 좀 더 밀도 높은 도시 발전 체계 내에서 정책을 실행했던 경험 발표. 앞서가는 도시들에서 이러한 발전 조건이 지역의 도시 지속가능성 계획을 향상시킬 수 있었던 효과와 한계를 논의.
- GTC는 정부출연 연구 기관 중에 하나로서 전국 및 지자체 자원의 녹색 정책을 연구 중이며 중소기업 및 대기업의 데이터와 기술들을 제공하고 있음. 개도국과 여러 국제기구들과 긴밀하게 협력 및 네트워킹 구축을 진행하고 있으며 실제 녹색개발 프로그램의 이행에도 관여.
- 원주시는 기후 변화 대응과 관련하여 교육 분야에 집중하여 시민들이 기후변화에 관심을 가질 수 있도록 하는 것이 목표. 교육청 및 환경부와 각종 인프라 구축 및 사업 추진을 진행하고 있으며 기후변화대응시범도시로서 기본계획 및 세부계획을 수립하였음.
- GIZ는 130여 개국 이상에서 에너지, 기후, 교통 등 다양한 분야의 프로젝트를 추진 중. 에너지 컨셉과 다이얼로그 플랫폼을 통해서 가능성 및 시나리오 분석에 활용하고 있음.
- 동아시아 도시들에서는 각 지역의 특색을 반영한 도시 개발이 이뤄져야 함을 강조.

3. 시사점

- 에너지 콘셉트 개발 이후 경제적/기술적 적용 가능성을 고려해야 함. 도시차원에서의 에너지 콘셉트 개발은 그저 초기 단계일 뿐이며 이행을 시작한 이후 도시 상황 등에 맞추어 조금씩 변경할 필요가 있음.
- 해외 연계를 위해서는 관계를 잘 구축해나가는 노력이 중요함. 어떤 지역에서 어떤 프로젝트가 진행 될 수 있는지 등에 대한 이야기를 하기 위해서는 실질적으로 삶에 밀착된 요구들을 알아낼 필요가 있음.
- 모든 사업은 정부와의 강한 신뢰가 매우 중요하며 그 이후에 기술적, 재정적 문제들을 고려 가능.

분과회의 B6 리더십과 시민참여

1. 세션개요

일 시	2015.04.09. 15:45~17:15
장 소	유어스 세미나실
주 제	리더십과 시민참여 시민사회 참여를 통한 지역사회 활성화 전략 (Revitalizing communities through civil society participation)

2. 세션요약

- B6 세션에서는 프로젝트 실행에 대한 시민사회 참여의 중요성을 조명하고, 시민참여가 성공적으로 이루어진 사례들을 제시.
- 지방자치단체와 시민단체가 어떤 네트워킹과 파트너십의 형성으로 지속가능한 사회로 도약 할 수 있는지에 대한 논의.
- 각 국가와 상황별로 다양한 시민단체, 다양한 형태의 파트너십이 존재함. 지방정부와의 다양한 협력 방안 탐색이 요구.
- 도시변화의 필수 요소는 시민사회이며 시민의 자발적이고 주도적인 참여가 필요하고 성숙한 시민사회의 형성이 필요함. 또한 시민단체의 활동범위 확대와 문화적 확산이 필요.
- 예산 확보 및 할당이 파트너십과 사업 진행에서 중요하며 다양한 이해당사자들의 목소리가 반영될 수 있도록 해야 함. 지방정부와 시민사회의 의사소통 시스템이 마련되어야 함.
- 지속가능하고 사회통합을 지향하는 발전은 도시 개발 과정에서 도시 계획과 실행, 점검에 대한 시민사회의 충분한 참여가 있을 때 비로소 달성할 수 있음. 도시가 당면한 여러 문제들에 대한 아래로부터의, 그리고 즉각적이고 유연한 해법이 실행되도록 하기 위해서는 시민사회단체의 역량이 지방행정에 통합되어야 함.

3. 시사점

- Bristol의 green capital network 조직을 통한 사례는 좋은 네트워킹의 사례 보여 줌.
- south Africa 사례는 생태 분야에서 지방정부와의 파트너 십을 이용해 환경 생태 조건을 만든 좋은 사례
- 한국은 사회적 연대에서 주민들이 프로그램에 적극적으로 참여한 사례

분과회의 B7 기후변화

1. 세션개요

일 시	2015.04.09. 15:45~17:15
장 소	갤러리 문
주 제	기후변화 세계환경도시상(EHCC) : 수상도시들 (Earth Hour City Challenge: Cooking up a storm of sustainability)

2. 세션요약

- B7 세션에서는 2015 세계환경도시상(EHCC) 수상도시들이 지속가능한 삶의 방식을 지원하기위한 도시 인프라 구축의 노하우를 공유. 수상도시들은 그들의 기후전략의 비밀과 미래를 향한 변화에서 겪는 장애를 어떻게 극복하였는지에 대한 방법을 공개.
- 브라질의 역사가 짧은 도시인 Belo Horizonte의 경우 녹지화가 잘되어 있고 월드컵 경기장은 친환경에너지를 생산하고 있으며 이탈리아 회사와 민간 협력을 맺어 폐기물 문제를 해결하고 있음. 버스수송시스템은 교통량의 10%를 감축하고 있음.
- 북유럽 헬싱키와 근접해 있으며 국제 스키 등 겨울 스포츠로 유명한 라테시의 경우 1990년 대비 17%의 이산화탄소 배출량을 절감했고 교통과 폐기물 분야에 집중해 2030년까지 35% 절감을 목표로 함. 시의회가 구성될 때마다 마스터플랜을 짜고 있음.
- 남아공 Tshwane은 저탄소도시를 위한 복합 솔루션을 추진 중임. 태양에너지를 활용한 양질의 주택을 제공하려 하고 있음.
- 에반스톤시는 시민들의 참여가 활발한 도시로 친환경건물인증으로 건축물을 규제하고 있음. 에너지축적법을 시행하여 2005년부터 모니터링하고 있고 재생에너지 목표는 달성하여 새로 설정함.

3. 시사점

- 8개의 수상도시이 공통점은 과감한 리더십으로 매우 효율적으로 관료주의를 줄일 수 있었고 신속히 결정을 내릴 수 있었음. 또한 다양한 매체 활용으로 시민들과 가까워질 수 있었고, 모바일, 웹 등으로 시민들의 제안에 반응속도를 높임.
- 수상도시들이 지속가능한 삶의 방식을 지원하기위한 도시 인프라 구축의 노하우를 전수 및 적용할 것.
- 수상도시들이 그들의 기후전략의 비밀과 미래를 향한 변화에서 겪는 장애를 어떻게 극복하였는지에 대한 방법을 해부하여 적용할 수 있을 것.

분과회의 B8 지속가능한 도시

1. 세션개요

일 시	2015.04.09. 15:45~17:15
장 소	북세미나실
주 제	지속가능한 도시 도시 농업: 식량을 생산하는 도시들 (Urban Agriculture: Cities feeding people)

2. 세션요약

- B8 세션에서는 지역사회 주도로 이루어진 성공 사례들이 발표됨. 이들은 지방정부의 정책적 지원을 통해 UPA 사업의 긍정적 효과를 강화하는 방안에 관해 조언함. 도시 농업 네트워크(Urban Agriculture Cities network)의 설립이 이 세션의 직접적 결과물이 될 것임.
- 세계 각지의 지자체들이 어떻게 도심농업을 활성화하고 지원하기 위해 어떤 노력을 기울여왔는지 사례를 밝힘.
- 카트리나 페리타스의 포루투갈 알마에다 시는 지역사회에 소속감을 주고 사회 연대를 회복하려는 것에 큰 가치를 둠.
- 강동구청은 국내 도심농업의 선발 주자로서 그동안의 경험을 통해 제도화에 있어 여러 가지 정책적인 제안을 해옴. 앞으로도 계속해서 구의 비전으로 도심농업의 가치를 극대화하기 위한 노력을 기울일 것으로 보임.
- 독일 수직농업협회에서 수직농업의 가치와 잠재성에 대한 설명.
- 미국의 에브스톤시 시장, 스웨덴 린초핑시 부시장, 브라질 벨로 호리존테시 시장이 나와 각각 자신들의 도시에서 이루어지는 도심농업 사례에 대한 성과와 과제를 제시.

3. 시사점

- 식량은 일자리, 경제, 사회적 문화적 여러 가지 중요한 요소들이 포함되어 있는 문제. 환경적 유익 해결 방안 내포되어 있음.
- 공간의 문제, 정부와의 관계, 지역주민 참여, 법률 제정, 기술 개발 등이 병행되어야 함.
- 도시-지역 식량 체계(city-region food systems)는 도시 내 공한지를 지속가능한 지역 식량 공급을 위해 활용하는 것은 물론, 이를 기반으로 사회적 결속력을 다지고, 시민 참여를 증진하며, 유익한 생태계 서비스를 제공.
- 장기적인 시각으로 정치적 의지 필요. 다양한 차원에서 시민들을 위한 지혜로운 솔루션 창출이 필요. 초기에 전략적 투자를 하고 다른 외부 단체 이해당사자들 협력관계를 맺어야 함.

분과회의 C1 저탄소 도시

1. 세션개요

일 시	2015.04.11. 14:00~15:30
장 소	국제회의장
주 제	저탄소도시: 녹색성장을 위한 리더십: 새기 후경제와 '시장협약' (Leadrship for Green Growth: The New Climate Economy and Cities' commitment through the Compact of Mayors)

2. 세션요약

- C1 세션에서는 녹색성장과 리더십을 중심으로 각 도시의 개발 전략에 대하여 소개함.
- IPCC 5차 보고서에서는 도시의 취약성을 지적하며 적극적으로 대처하지 않으면 2도 이내 상승을 막을 수 없다는 부분을 강조함.
- 신기후경제보고서(The New Climate Ecomony Report, 2014)는 주요 정책 입안자들이 함께 하였으며 도시는 경제변혁의 주체임을 강조함.
- 뉴질랜드 오클랜드시는 전철계획을 포기해 1인당 자동차 보유대수가 높은 현실임. 지속가능한 발전 정책의 추진에서 협업 프로세스를 강조하며 예산부담을 줄이고 외부주체들의 참여 늘이기 위해 노력 중임.
- 도쿄시는 2010년부터 배출권총량거래제(cap and trade)를 도입하여 23%의 탄소배출량을 절감함. 이 제도 도입에 있어 이해당사자의 참여가 매우 중요했고 각 주체의 역량강화가 필수적임.
- 인도네시아 본탕시는 신생 도시로 산호, 맹그로브, 산림을 재 조림하고 있으며 오지 지역까지 태양광시설을 설치해 전력을 공급하고자 함.
- Compact of Mayor(COM)는 전 세계 도시를 연결하고자하며 상호작용의 필요성을 바탕으로 설립되어 이산화탄소 배출을 낮추고 모니터링을 통해 기후변화의 영향에 준비해 나가기 위한 움직임으로 녹색기후도시 프로그램과 같은 다양한 프로그램 운영 중임.

3. 시사점

- 기후변화 대응을 위해 도시에서의 적극적 대처가 필수적. 기후변화로 인한 도시 문제들의 해결 비용은 막대함.
- 저탄소 도시를 위한 정책의 계획 및 수립에는 지역에 특화된 접근이 중요함.
- 배출권총량거래제와 같은 제도의 도입에는 이해 당사자의 참여가 중요하며 역량 강화가 필수적임.
- 지속가능한 발전 정책의 추진과정의 프로젝트에서는 협업 프로세스가 매우 중요하며 예산 부족한 경우에도 참여 및 운영이 가능한 정책 디자인이 중요함.
- ICLEI와 Commpact of Mayor(COM)과 같은 도시들의 협력 파트너십을 통한 도시 차원의 대응 중요함.

분과회의 C2 회복력 있는 도시

1. 세션개요

일 시	2015.04.11. 14:00~15:30
장 소	디자인나눔관
주 제	위기에 처한 도시들: 재난 감소 및 대응과 기후 위협요소들 (Cities at risk: Reducing and responding to disasters and climate threats)

2. 세션요약

- C2 세션에서는 다양한 기후변화 관련한 위기대응과 회복탄력성의 회복에서 도시의 역할에 대하여 논의함.
- 지속가능한 미래. 지속가능한 도시를 위해서는 다양한 위험에 대한 인식과 대응이 필요하며 위험 대응하기 위해서는 회복탄력성의 개념에 대한 접근이 필요하고 회복탄력성을 증진시키기 위한 다양한 차원의 노력이 필요함.
- 대만의 핑퉁시는 태양광발전과 같은 재생가능 에너지로의 전환을 통한 패러다임 전환과 인공호수 조성통한 지하수 물 은행(water bank) 사업 시행.
- 호주 골드코스트시는 효과적인 공공정책을 통해 도시의 회복력을 높이기 위해 노력. 구조적 저감. 적절한 정책적 보안이 도시의 회복력 높이며 위험에 대한 노출 낮추고 효과적인 후속 공공정책의 뒷받침이 지속력 높여줌.
- 네덜란드 로테르담은 물을 통한 가치의 제고와 같은 가치적 접근으로 10년의 비전 제시함. 주민들의 회복탄력성 증진과 위험관리 프로그램 중요시 함.
- 인도네시아 타라칸시는 맹그로브나무 보존을 통해 개발과 환경보존의 균형이루는 도시 계획 시행.
- ICLEI의 도시의 회복력을 높이기 위한 새로운 10가지 방안(New ten essentials for making cities resilient campaign) 사업 일환으로 기후변화관련 지방정부에서 실천할 수 있는 10 가지 준수사항을 제시하였고 회복력 측정을 위한 스코어 카드 소개함.

3. 시사점

- 도시들은 다양한 위험에 노출되어 있고 이러한 위험은 모두 얽혀 있는 시스템차원의 문제. 위험 대응하기 위해서는 회복탄력성의 개념에 대한 접근이 필요하고 회복탄력성을 증진시키기 위한 다양한 차원의 접근 필요함.
- 도시전체가 기후변화에 대해 회복력 가지려면 다양한 차원의 솔루션을 갖고 있어야 함. 녹지조성, 건물 녹화 등의 다층적 노력 필요. 작은 단위의 솔루션이 다양한 영역에 요구됨.
- 포용형 디자인 도입. 다목적 통합 솔루션적 접근이 효과적임.
- 지방정부의 정책과 사업, 재정 운영의 전반적인 측면에서 기후변화에 대한 조정 및 인식 개선을 위한 예산 확보가 중요하고 비용효과성의 측면과 생태적, 복지적 차원에서의 다층적인 고려가 필요.
- 주민들 스스로 회복력 갖춰야 함이 강조됨. 정보를 다른 시와 공유하고 선진 사례에서 아이디어 얻는 것 중요.

분과회의 C3 도시경관프로젝트

1. 세션개요

일 시	2015.04.11. 14:00~15:30
장 소	디자인세미나실
주 제	도시경관프로젝트: 미래의 도시생활을 위한 환경 (City Scene projects: mise-en-scene of future urban life)

2. 세션요약

- C3 세션에서는 미래 도시에 대한 비전을 제시하기 위한 미래 도시 생활 체험 사례에 대하여 논의함.
- 현재의 도시들에 대한 불만을 인지하고 미래 도시에 대한 비전을 제시하기 위해 시범 도시 운영을 통해 재건, 개설계하여 실현시키기 위한 사례 발표.
- 수원시의 생태교통축제를 통해 생태교통 거리를 체험하고 주민들을 주축으로 미래 도시의 교통에 대해 협의하는 기회 가짐.
- 요하네스버그는 10월이 교통의 달로 대중교통 행동 변화를 강조하며 BRT[5] 인프라 구축과 자전거 전용도로 마련위해 노력 중.
- CSCP[6]는 지속가능한 생산에 초점을 두고 실천을 함께하는 Think and do tank로 지속가능성을 중요시하면서 일상생활 라이프 스타일과 결부시켜 지속가능한 일상생활을 강조. 친환경적인 삶(Green Living)에 대한 미래 모델을 만들 것을 제시함.

---

5 Bus Rapid Transit(BRT): 간선급행버스체계. 도심과 외곽을 잇는 주요 간선도로에 버스전용차로 설치로 급행버스 운영하는 대중교통시스템

6 Collaborating Centre for Sustainable Consumption and Production(CSCP): 지속가능한 소비와 생산위한 협력센터

3. 시사점

- 지속가능한 미래와 지속가능한 도시를 위해 미래 도시의 모습을 논의하고 구체적인 비전과 목표를 갖는 것이 중요함.
- 미래 도시 생활 체험의 다양한 사례들은 공통적으로 시민들의 의식을 전환시키는 데 중요한 모티브가 되었고 행사 이후 주민들의 토론을 통해 지속적인 후속 사업의 추진이 의미 있음.
- 행정적으로 추진하는 정책들은 지자체의 추진 차원에서 끝나는 것이 아니라 라이프 스타일까지 행정 영역을 확대되어야 함.
- 각 도시별 특수성과 상황, 도시가 처한 문제를 고려하여 혁신적인 해결방법을 모색하고 다층적 거버넌스와 함께 문제해결을 위해 노력하는 것 중요함.

분과회의 C4 지속가능한 도시

1. 세션개요

일 시	2015.04.11. 14:00~15:30
장 소	유어스대교육장
주 제	밀집 지역을 위한 도시계획: 살기 좋은 도시를 위한 기회요소와 도전과제 (Planning for Density: Opportunities and challenges for liveable cities)

2. 세션요약

- C4 세션에서는 지속가능도시의 도전과제 중 밀집지역을 중심으로 compact city의 의미에 대해 논의함.
- 도시 밀집화 뿐만 아니라 이동거리, 효율적인 자원 활용, 충분한 녹지화, 도시 지역통합 등 모든 부분들을 고려한 compact city 계획이 필요하고 대중교통 개선, 도시 기반시설 에너지 효율성 향상을 위한 기술 제공 등 많은 제안을 함.
- 에드먼튼은 11개의 행동 전략 (Redefining urban lining) 정책을 통해 전체적인 에너지 시장기반의 변화를 추구하고 교통중심적 디자인, 녹색건물 전략을 통한 변화 추진.
- 대만의 타이충시는 빠른 인구성장속도로 인한 도시문제 해결이 주요 과제로 도시 삼림계획, 구 타이충 공항부지 재개발계획, 국제행사유치, 생태학 데이터은행(T-BAF, localized indicator for development biotope area)등의 사업 통해 노력 중.
- 마닐라시는 In city vertical housing정책을 통해 주거 서비스를 제공, LED 가로등 설치, 초림녹화 사업 등의 도시문제 해결 도전사례 소개.
- 맥시코의 치와와시는 compact, smart도시화 전략으로 저밀도 인구가 일으키는 문제들을 해결하기 위해 수직통합거주 개념을 제안함.

3. 시사점

- 컴팩트 도시의 의미는 세계 각 곳의 도시가 상황별로 다르기 때문에 각 현지 상황에 맞게 도시 상황별로 적합성을 파악하고 적절히 활용하는 것이 필요함.
- 도시 밀집화 뿐만 아니라 이동거리, 효율적인 자원 활용, 충분한 녹지화, 도시 지역 통합 등 모든 부분들을 고려하여 밀집도시계획을 진행해야함.
- 아시아의 많은 도시들이 이미 거대인구로 인한 부정적인 영향을 겪고 있는 상황 인식하고 심각성 인지해야 함.
- 자연적인 재해와 인공적인 재해. 자원이 고갈되고 있는 상황에서 지속가능한 환경문제해결적 접근으로 기후변화, 생태학적인 피해, 환경보전을 위한 도시 정책 마련해야 함.

분과회의 C5 지속가능한 도시

1. 세션개요

일 시	2015.04.11. 14:00~15:30
장 소	북세미나실
주 제	생태도시와 생태적 문명: 지속가능한 도시계획과 인간/자연가치의 통합 (Eco-cities and ecological civilization: integrating human and nature values in sustainable urban planning)

2. 세션요약

- C5 세션에서는 지속가능도시에 대한 논의 중 문화가치, 특히 전통적인 생태 가치가 생태도시 계획에 어떻게 반영되는지 생태도시 개념을 바탕으로 살펴봄.
- 중국 생태도시 계획에서는 생태도시 저탄소 도시가 지속가능성의 대안으로 새로 건설하는 도시를 생태적 가치를 고려한 도시로 계획하여 도시문제 및 탄소문제를 해결하고자 함.
- 일본의 요코하마시는 공업도시로서 환경위기 등을 겪었던 경험을 바탕으로 차차 친환경 도시로 탈바꿈하면서 이런 같은 문제를 겪고 있는 개도국들에게 중요한 시사점 제공.
- 생태도시로서 기네스북에 오른 마스다시는 새로운 경제적 발전 동력으로서의 생태도시 시스템으로 설계부터 에너지와 자원순환에 큰 가치를 부여함.
- 스웨덴의 궤텐버그시는 생태적 발자국을 줄이기 위해 시의 역할과 계획이 어디까지 고려할 수 있는지를 제시하며 시민들의 자발적인 참여와 도시 안에서의 재미있는 활동과 여가생활을 높이기 위한 사례 제시.

3. 시사점

- 도시계획에는 생태적 가치를 고려하여 도시문제 및 탄소문제를 해결하고자 하는 관점 필요가 있음.
- 새로운 경제적 발전 동력으로서의 생태도시 시스템은 잠재력을 가지며 에너지와 자원
- 순환에 가치를 부여하는 것 의미 있음.
- 시민들의 자발적인 참여와 정부의 역할과 계획이 어디까지 고려할 수 있는지에 대한 대화와 조율 필요함.
- 지속가능한 삶과 지속가능한 도시가 어떻게 실현 가능하고 실천 되는지 공유하도록 하는 등 시민 자체적 이니셔티브의 비중을 키우는 것 중요함.

분과회의 C6 통합적 도시 계획

1. 세션개요

일 시	2015.04.11. 14:00~15:30
장 소	유어스 패션아트홀
주 제	메트로폴리탄 지역: 어떤 거버넌스 모델이 지속가능한 도시-지역-도시 관계를 지원할 수 있는가 (Metropolitan areas: How governance models can support sustainable city-region-city relations)

2. 세션요약

- C6 세션에서는 통합적 도시계획의 일환으로 어떤 거버넌스 모델이 지속가능한 도시-지역-도시 관계를 지원할 수 있는 지 도시별 사례를 통해 알아봄.
- 남부캘리포니아는 주정부가 주축이 되어 교통시스템을 새로운 시대상황에 맞게 변화시켰으며 각 도시들의 니즈를 파악하고 협력을 원하는 도시의 경우 자금 지원과 같은 여러 방안을 제시함. 정부 외 여러 기관의 협력이 강조되고 도시와 지방정부와의 관계가 원활할 때의 장점을 보여준 사례임.
- 일본의 구마모토 시는 지하수관리에 있어 시민들과의 협력을 강화할 거버넌스 채택. 교육을 통해 인식을 제고하며 주변지역들과의 협력과 주민들에게 적절한 보조금 등을 제공하여 관리함.
- 호주의 경우 기후변화 문제에 대처하기 위하여 연방정부와 주정부의 주요 시정목표을 나눴으며 주정부와 연합체를 결성하여 서로가 협력할 수 있는 방안 모색함(프로젝트 개발, 네트워킹 등)
- 타이페이시는 대중교통의 개발과 관련 주변 위성도시들과 협력하여 근무처와 거주처가 다른 타이페이시의 시민들에게 적합한 대중교통 시스템 개발.

3. 시사점

- 거버넌스 모델 탐색에 있어 여러 지역의 경험과 사례를 공유하는 것이 중요. 어떤 지역에서는 현실가능성이 없는 대안일 수 있어도 다른 지역에서는 추진 가능한 대안이 됨.
- 기후변화정책의 저감과 적응 전략의 경우 중앙정부 차원에서는 저감차원의 노력을 하고 지방정부차원의 현지화 된 접근 통한 적응 사업 추진이 효과적임.
- 거버넌스 모델의 구축에는 주민들의 인식 개선을 통한 참여 확대가 필수적임.
- 효과적 거버넌스 모델 탐색 및 구축을 통해 다양한 정책적 접근 해야함.

분과회의 C7 도시의 지속가능한 발전 목표

1. 세션개요

일 시	2015.04.11. 14:00~15:30
장 소	유어스 패션아트홀
주 제	도시의 지속가능한 발전 목표: UN SDGs 이행을 위한 지방정부의 역할 (Local governments' role in implementing the UN Sustainable Development Goals(SDGs[7]))

2. 세션요약

- C7 세션에서는 이클레이 이후에 우리가 무엇을 해야 할 것인지를 화두로 지역정부의 역할을 중심으로 도시들이 전환 프로그램을 실질적으로 시행하기 위한 이클레이의 역할에 대해 논의함.
- UN SDGs의 17개 목표 중 Urban SDG가 한 섹션을 차지하고 있으며 타겟에 기초한 도시별 지표가 확립되어야 하고, 모두가 참여가 핵심. 전환운동(Initiative Transformative Actions)에 대한 정의를 내리고, 지역적으로 정의된 지표에 따라서 그 효과를 평가 필요.
- 비전과 목표를 세우고 행동을 위한 참여 프로세스 구축이 요구되며 새로운 프로그램이 시작하도록 하기 위해서는 도시들과 혹은 공–사–민 협력관계 구축이 필요함.
- 자원조달에 대한 전략적 접근이 중요.

7 Sustainable Development Goals(SDGs)는 지속가능개발목표. 새천년개발목표(MDGs)를 보완하기 위한 새로운 개발협력의 틀로 'POST 2015'논의이며 MDGs의 핵심 원칙과 가치를 유지하되, 글로벌 환경변화와 새로운 도전과제를 반영한 비전을 제시를 목표로 2016년부터 2030년까지 전 세계에서 이행됨.

3. 시사점

- Urban SDG가 우리 사회와 지역에 어떠한 의미와 역할을 할 수 있을지에 대한 논의와 이를 구현해 낼 수 있는 지역적 차원의 전략 마련이 요구됨.
- 타겟과 지표를 여러 행위자들과 공유, 합의하여 다차원적인 접근의 창구를 마련해야 함.
- 새로운 프로그램과 사업의 계획에서 Urban SDG 달성을 위한 방법 고려해야 함.
- 비전과 목표를 세우고 행동을 위한 참여 프로세스 구축이 요구되며 새로운 프로그램이 시작하도록 하기 위해서는 도시들과 혹은 공–사–민 협력관계 구축이 필요함.

분과회의 D1 저탄소 도시

1. 세션개요

일 시	2015.04.11. 16:00~17:30
장 소	국제회의장
주 제	저탄소도시: 100% 재생에너지 도시 (Towards 100% Renewables: Towards a new paradigm)

2. 세션요약

- D1 세션에서는 이클레이의 재생에너지 100% 네트워크 지원 사업을 바탕으로 재생에너지의 의미와 가치에 대해 논의하고 재생에너지를 사용하는 도시들의 사례 발표.
- 도시의 취약성과 경제 집중도를 볼 때 기후변화 대응에 있어 역할이 매우 중요. 이클레이를 통한 지방도시간 재생에너지 프로그램(Integrating Local Renewables in Cities)으로 South–South 협력프로그램, Indian Solar Cities Programme 등의 사례 있음.
- 서울시의 태양광 발전 보급률은 빠르게 증가. 시민들의 참여를 바탕으로 융자지원, 조합 지원, 펀드 개설 등을 통해 추진.
- 밴쿠버의 재생가능에너지 이니셔티브는 주민들의 참여를 통해 700개가량 추진 중. 함께 실천할 수 있는 영역의 강조와 협력을 통한 목표 달성 강조.
- 스웨덴의 말뫼시는 100% 현지 생산한 재생가능에너지 사용을 목표로 2020년까지 도시행정을 탄소 중립적으로 운영, 2030년까지 모두 재생 가능한 에너지를 공급하고자 함. 주택, 교통, 폐기물처리에 있어 프로젝트를 진행 중.
- 멜버른은 2020년까지 탄소중립도시를 목표로 스마트 블록(도시의 여러 수요자들이 함께 빌딩들과 주거건물들의 태양광 패널 설치, 아파트 지원 프로그램) 정책을 시행 통해 태양광시스템 구축.
- 후쿠시마 원전사태이후 일본 에너지 수급계획에서 47개 중 35개현이 새로운 재생가능에너지 목표를 설정, 쿠시마현의 경우 80%의 재생에너지 사용률이 목표. 단순히 재생가능에너지공급만 높이고자 하는 게 아니라 소비를 줄이고 효율을 높이고자 함.

- 100% RE 도시 출범은 2030–2050년의 이클레이의 목표로 앞서가는 선도도시와 따라가는 도시간의 대화를 위한 플랫폼 제공할 것이며 경험과 지식의 공유 목적. 에너지 효율성은 프로그램의 중요한 부분이며 목표 달성을 위한 구체적 과정 수립 필요.

3. 시사점

- Urban SDG가 우리 사회와 지역에 어떠한 의미와 역할을 할 수 있을지에 대한 논의와 이를 구현해 낼 수 있는 지역적 차원의 전략 마련이 요구됨.
- 타겟과 지표를 여러 행위자들과 공유, 합의하여 다차원적인 접근의 창구를 마련해야 함.
- 새로운 프로그램과 사업의 계획에서 Urban SDG 달성을 위한 방법 고려해야 함.
- 비전과 목표를 세우고 행동을 위한 참여 프로세스 구축이 요구되며 새로운 프로그램이 시작하도록 하기 위해서는 도시들과 혹은 공–사–민 협력관계 구축이 필요함.

분과회의 D2 회복력 있는 도시

1. 세션개요

일 시	2015.04.11. 16:00~17:30
장 소	패션아트홀
주 제	생태교통: 생태교통&저탄소 도시 교통을 위한 재정 설계 (Financing for low-carbon development and sustainable mobility)

2. 세션요약

- D2 세션에서는 교통문제가 지속가능성을 이야기 할 때 왜 고려되어야하는가를 시작으로 교통수단의 지속가능성 요소들에 대해 논의하며 사례 나눔.
- 지속가능한 교통은 이동 감소. 기동성 확보하는 것. 농촌과 도시의 교통성을 재고, 도로안전을 제고, 대기오염 줄이고 지구온난화를 고려하는 등을 요소로 다양하게 정의됨
- Chang- financing tool은 지방정부에 제공되는 서비스로 Actions assessment tool은 시 정부가 어떤 행동을 할지를 보고하거나 발표하면 이 툴에서 평가를 통해 프로그램 제공, Decision making map-Financial solution은 솔루션 채택시의 장단점과 현실가능성, 전문가 재정소스 등을 안내함.
- WWF 보고서에서는 잠재가능성 높은 재원조달 툴 발견, 재원조달 자체가 문제가 아니라, 패키징이 적절해야 함을 알게 됨. 즉, 투자자들에게 어떻게 제안하는가가 중요하며 실제 그들의 투자를 유도하기 위해서는 제안서가 중요함 지적. 협업의 중요성 강조함
- 결론적으로 모든 이해당사자에게 지속가능한 인프라의 영향 정량화되어야 하며 도시들은 툴을 평가하고 매핑하는 지원 필요함.
- 치앙마이의 녹색성장은 GEF[8]와 세계은행으로부터 지속가능한 도시교통에 대한 재원조달 받음 강력한 지도자 리더십, 팀워크 네트워크, 지역사회의 참여, 아젠다의 변화,

---

8 Global Environment Facility(GEF) 지구환경금융. 개발도상국들의 환경 분야 투자 및 관련기술개발을 지원하기 위해 1990년 10월 설립. 유엔개발계획(UNDP) · 유엔환경계획(UN EP) · 세계은행(IBRD) 등 3개 기관이 공동으로 관장.

과학적 근거, 이익의 공유, 의사소통 등이 성공 요인임.

3. 시사점

- 지속가능한 도시의 미래를 고려 할 때 생태적 교통에 대한 고려와 각 도시가 처한 교통문제 해결을 위한 다양한 접근이 요구됨.
- 재원조달은 사업의 전반에서 큰 의미를 갖는 데 특히 민간사업자의 투자 유치하는 것이 중요함.
- 민간분야 투자자에게는 투자와 수익 기준이 명확하지 않아 참여확대 어려움이 있으나 도시 자체가 투자자의 신뢰를 얻을 수 있는 역량을 갖추고 프로젝트가 충분히 준비되어, 신뢰할만한 사업이라고 입증하는 것 필요함.
- 잠재적 파트너 리더들과 팀원 및 도시들 간의 네트워크구축이 중요함.
- 정책입안자는 정책의 수혜자와 효익을 입증하고 비용편익 계산하는 것이 어려움 가지지만 민간기업과 시민들의 참여를 높이기 위해 지속가능 인프라의 역량을 정량화하기 위한 노력이 요구됨.

분과회의 D3 저탄소도시

1. 세션개요

일 시	2015.04.11. 16:00~17:30
장 소	디자인세미나실
주 제	저탄소도시: 도시 간 협력을 통한 아시아 저탄소도시 구현 (Low carbon cities in Asia through city-to-city cooperation)

2. 세션요약

- 전세계 도시인구는 2050년까지 3분의 2까지 증가할 것으로 예상되고, 도시인구 증가의 90%이상은 아시아와 아프리카에서 발생할 것으로 예측됨.
- UN-ESCAP(UN 아시아태평양 경제사회이사회)의 2014년 보고서에 의하면, 금세기초 10년간 아시아지역의 온실가스 배출량은 전세계 평균 증가율 2.2%의 거의 2배인 4.1%로 보고됨. 이는 급속한 경제성장에 따른 생산과 소비패턴의 변화를 반영하고 있으며, 도시가 확장되면서 교통, 전력 등에 화석연료 사용이 증가되고 있음.
- 아시아의 여러도시들은 대기오염, 환경파괴와 더불어 심각한 기후변화에 직면해 있음. 이러한 상황에서 도시간 협력을 통해 경험을 공유하는 것이 중요함.
- 도시간 직접 또는 다자간교류, 남반구-북반구간 교류 등을 통해 다양한 경험을 공유하고 아이디어를 도출하면 지속가능개발을 촉진시킬 수 있음.
- 다양한 조직들이 도시간 협력을을 지원하기 위한 프로그램을 수행하고 있으며, 많은 도시들이 파트너들과 함께 다른 도시들과 협력하고 있음. 이 세션에서는 도시간 협력을 지원하기 위한 단체와 도시 관계자가 모여 아시아에서 저탄소, 회복력있는 도시를 만들기위 한 방법을 논의

분과회의 D4 스마트 도시

1. 세션개요

일 시	2015.04.11. 16:00~17:30
장 소	유어스대교육장
주 제	스마트 도시: 스마트 도시가 제안하는 해법 (Smart City Solutions)

2. 세션요약

- D1 세션에서는 스마트 시티에 대한 논의의 중요성에 대한 인식 바탕으로 스마트 시티를 위한 솔루션에 대한 정보 공유.
- 세부시는 모든 시민이 함께 참여. 시민이 곧 거버넌스로 작은 마을단위 공동체와 협동(전통적인 공동 노력)강조. 빠른 재난 대응을 위해 민관 파트너 십으로 구성된 super survice 정책.
- 파주시의 스마트 워터 시티 프로젝트는 스마트 시트에서 활용되는 기술적 네트워킹 시스템으로 자동배수 시스템. 모니터링. 재염소화 작업 검사 제공. 스마트 워터 시티는 정보통신기술 활용한 소비자와의 더 많은 소통과 토털 케어 서비스 통해 현장에서 소비자 서비스 통해 신뢰 구축 기반으로 함.
- 스웨덴 말모시의 스마트 시티 도시 계획서는 가치적인 측면을 함께 고려하며 다양한 도시 관리에 가치를 적용하려하고 시민들의 참여와 피드백 중요시 함.
- 터키 코냐시는 환경보전과 온실가스 감축에서 도시계획가와 정치자의 운송시스템에 대한 개선이 필수 인식. 대중교통 스마트 개선 프로젝트 진행.

3. 시사점

- 스마트 도시란 무엇이며 지속가능한 미래와 도시의 논의에서 어떠한 중요성을 갖는지 논의 필요하며 스마트 도시로 나아가기 위한 각 도시들의 사례의 공유를 통해 시사점 찾을 수 있음.

- 스마트 시티는 정보의 현명한 활용과 접근성 부분이 강조된 개념으로 다양한 정책의 모든 분야에서 새로운 시각으로의 전환임.
- 스마트 시티에 도달하기 위한 시민들의 행복의 고려와 상호작용을 통해 변화를 만들어가는 과정이 의미 가짐.
- 과거에 스마트한 것이 미래에도 스마트 하지 않을 수 있으므로 무엇이 스마트 한 것인가의 논의가 계속되어야하며 가치가 중요하게 고려되어야 함.
- 도시의 특수성이 고려된 스마트 도시를 위한 정책들이 마련되어야 하며 도시들의 네트워트 형성과 정보의 공유, 협업이 중요함.

분과회의 D5 통합적 도시계획

1. 세션개요

일 시	2015.04.11. 16:00~17:30
장 소	디자인나눔관
주 제	통합적 도시계획: 생산적인 도시를 향하여 ("Urban Productivity": Finding common ground with the property and infra-structure industries to advance sustainability)

2. 세션요약

- D5 세션에서는 지속 가능성 노력에 민간 부문 및 지역 경제 발전에 관계자를 참여시키는 새로운 방법 모색을 위해 도시 생산성에 대해 논의함.
- 생산성을 기준으로 지속가능성을 보는 생산성 프레임워크는 생산성을 높이기 위한 지역 시스템의 개발을 목표로 함.
- 도시의 생산성을 고민하는 관점은 각종 이해 관계자, 정부 및 지방 정부의 지속 가능성과 경제 개발 부서 간의 협업을 위한 기반을 제공함.
- 호주 캐닝시는 가치를 창출하고 가치를 활용하는 것 강조.
- 요하네스버그에서는 충분하게 시장 참여를 이끌며 부정적 영향을 최소화하는 방법과 적은 자원으로 생산성을 높이는 방법의 탐색의 필요 지적.
- 지역사회가 개발을 통해 어떻게 활성화 될 것인지, 기존의 지역 주민에게 개발 이익이 돌아가는 방식의 탐색이 과제.

3. 시사점

- 지속가능성의 논의에서 도시의 생산성이 어떤 의미를 가지는지에 대한 논의가 필요하며 도시의 생산성을 높이기 위한 지역 및 시스템 개발의 관점 도입 요구됨.
- 도시생산성을 고민하는 관점은 각종 이해 관계자, 정부 및 지방 정부의 지속 가능성과 경제 개발 부서 간의 협업을 위한 기반을 제공해 줌.

- 도시 생산성관련 정책에는 탄소배출, 지역민의 건강, 거주 적합성, 재정 수익, 회복 탄력성 등이 고려되어야함.
- 주민위원회와 협회 등의 구조를 기반으로 다양한 이해당사자들을 의사결정과정에 참여시키는 것 중요하며 주 지역 주민에게 개발 이익이 돌아가는 방식 필요함.
- 단지 토지가치를 높이는 정책적 접근뿐만 아니라 다양한 계층의 사람들을 통합하고 삶의 질을 높일 수 있는 가치적 접근의 반영 필요함.

분과회의 D6 회복력 있는 도시

1. 세션개요

일 시	2015.04.11. 16:00~17:30
장 소	유어스세미나실
주 제	가라앉는 도시들: 군소 도서국가 기후위기 극복 지원 (Small Island States and climate change)

2. 세션요약

- D6 세션에서는 소도서국들의 피해사례를 통해 기후변화에 책임이 없는 이들이 실질적으로 가장 큰 영향을 받고 있는 사례들을 통해 대도시에서 책임감과 경각심을 제고시킴.
- 포르트빌라와 후니아라시 사례에서 소도서국들은 도시 시스템이 잘 정비되지 않아 재해 대응에 어려움이 많고 불법 건축물이나 저지대 밀집지역 등이 큰 문제.
- 싱가폴, 몰디브 역시 기후변화에 취약한데 계절적 취약점뿐만 아니라 상시적인 취약성의 문제를 인식하고 해결책 마련하는 것이 중요함.
- 소도서국들의 지방정부는 올바른 계획과 정책을 갖고 있어도 이것을 실행할 역량이나 자원이 부족하여 어려움을 겪는 경우가 많음.
- UNSIDR[9]은 지방정부가 스스로를 평가할 수 있는 지표를 제공하고, 지원이 필요한 것들은 다양한 부분을 하나로 패키지화해서 제공하려는 논의를 하고 있음.

3. 시사점

- 도서국들의 피해와 취약성에 대도시들이 책임감과 경각심을 갖고 함께 대응해 나가려는 자세 중요함.
- 기후변화에 대응하여 계절적 취약점뿐만 아니라 상시적인 취약성의 문제를 인식하고 해결책 마련하는 것이 중요함.
- 식량안보의 문제는 세계적으로 책임감을 갖고 대응해야 함

9 The United Nation Office for Disaster Risk Reduction(UNISDR) UN 국제전략기구.

분과회의 SP1 중국의도시, 도전과제와기회

1. 세션개요

일 시	2015.04.09. 13:30~15:00
장 소	알림1관
주 제	중국의 도시, 도전 과제와 기회 (Challenges and Opportunities of Urban China)

2. 세션요약

- SP1 세션에서는 중국의 도시들이 사회적 안정성 도모, 기초생활기준의 제공 그리고 토지사용, 자원효율성, 환경의 질 강화에 관한 소외계층의 필요를 역설하기 위해 어떤 계획을 하고 있는지를 집중 조명함.
- 중국 정부는 향후 7년간 1억 명 이상의 인구를 도시지역으로 이주하게 할 계획 중. 중국의 도전과제와 기회, 중국의 도시를 지원할 수 있는 방법을 고려하고자 함.
- 중국의 도시화는 중간정도 진행되었으며 이에 따라 환경오염문제, 교통문제, 식량위협, 이주노동자들의 비안정적인 거주환경과 원주민들과의 갈등, 고도화된 산업으로 진입하지 못할 경우, 도시화의 속도 느려지며 도시 공동화되는 현상 등을 겪고 있음.
- 이에 대해 중국은 중앙정부를 중심으로 지방정부와 협력 관계 속에서 생태도시 건설(경제 이미 발전한 도시 중심)을 계획하고 있으며, 주변의 농촌지역을 도시로 전환하여 3억 정도 인구의 거주환경을 개선하려고 노력 중임.
- 지속가능한 발전은 환경문제의 해결과 경제성장의 지속이라는 두 가지 측면의 조화로 이해되고 있으며 주로 재생에너지시스템의 도입, 저탄소 개발프로그램 등으로 도입되고 있음.

3. 시사점

- 중국의 도시화에 있어 키워드는 빠른 도시화와 대규모, 낮은 도시화 수준 등이며 향후 중국정부가 추진할 도시화는 사람중심, 지속가능이 되어야 할 것임.
- 중국 도시와에 있어 긴밀한 국제협력을 도모하는 것은 이클레이가 강조하는 것과 부합하며 아직 시기가 늦지 않았음을 증명. 에코시티 구축을 위한 노력은 언제든 시작할 수 있음.
- 지리적 인접성으로 인해 동북아 정치 주체 동반자로서 우리 나라가 중국의 도시화에 이바지할 수 있는 분야가 많을 것으로 예상됨.

분과회의 SP2 녹색도시 시상 프로그램

1. 세션개요

일 시	2015.04.09. 15:45~17:15
장 소	알림1관
주 제	정책수단으로서의 녹색도시 시상 프로그램 (Green City Champions: Rewarding Ambition)

2. 세션요약

- SP2 세션에서는 녹색도시 수상 도시들이 어떤 정책, 프로그램 활동으로 수상하게 됐는지에 대한 발표. 수상 도시들은 지역 리더십의 역할, 시민단체와의 협동과 그들이 어떻게 기준을 충족시켰는지 보고함.
- 녹색도시 상을 수상한 도시들의 대표를 모아놓고 그 도시들이 어떤 점에서 그 상을 수상했는지, 그러한 성취를 이루게 된 과정들의 어려움은 무엇이었고, 그것을 어떻게 극복했는지 등을 공유하는 자리로 기획됨.
- 교통부문에서 자전거 이용의 장려, 로컬에너지 활용 강조.
- 브리스톨 사례에서 시민참여의 구체적인 형태를 제시. 이는 BRISTOL GREEN CAPITAL Partnership이라는 보다 구체적인 행위의 주체자들이 있어서 가능하였음.
- 아이슬란드는 1933년에 스모그 현상으로 고생하였으나 지열시스템을 지역난방에 도입하면서 대기환경이 개선되었고 1973년 석유 파동 시 석탄 방식을 모두 제거함.
- 수상도시는 그들이 직면했었고 현재도 직면하고 있는 문제점과 그것을 어떻게 극복했는지에 대해 공유.

3. 시사점

- 왜 우리는 녹색도시가 되어야 하고 이는 무엇을 의미하는가 생각해보면 결국은 시민 중심적으로 일을 해야 하는 것을 의미함. 시민사회와의 파트너십이 고려되는 도시가 지속가능성을 가질 수 있음.
- 도시는 기후변화 책임을 통감하는 공간으로서 다양한 정책을 적용하면서 의무를 수행할 책임이 있음. 에너지안보를 목표로 삼고 재생에너지 투자를 위해 주민에게 홍보 등의 노력을 하는 것은 자금조달과 도시 간 역량 발휘 부서 조율 등의 문제 해결을 통해 수월해질 수 있을 것임.

분과회의 SP3 지방정부파트너십의최적화

1. 세션개요

일 시	2015.04.09. 17:30~19:00
장 소	알림1관
주 제	지방정부 파트너십의 최적화-도시계획과 기업 해법의 결합(도시-기업) (Sub-plenary on Partnerships: City-business Cooperation for Sustainable Urban Infrastructure)

2. 세션요약

- SP3 세션에서는 도시의 지속가능한 발전을 위한 지방정부 파트너십의 최적화로 지방정부와 산업의 협력 사례 소개. 특히 WBCSD[10] Urban infrastructure initiative(UII)[11]는 그 과정을 효율적으로 돕는 역할을 하며 몇 가지 주요사례를 연구하여 발표함.
- 지속가능한 도시로 가기 위한 계획을 수립할 때 처음 단계부터 다양한 행위자들의 참여가 중요함. 비전 수립과 계획, 실행 단계에 이르기까지 모든 당사자가 참여하여 의견을 나누며 서로를 이해하도록 하고, 프로세스의 투명성을 확보하는 것이 중요.
- 스웨덴의 말뫼시 사례에서는 신재생에너지 비중을 높이기 위해 건설사들과 협력하여 에너지 모니터링 설비를 도입함으로써 소비자들이 제어할 수 있게 함.
- 투르쿠시는 UII팀과 함께 도시-기업 협력 프로세스를 구축. 문제점 파악과 솔루션 검토 단계에서 모두 기업들을 참여시켜 분산형 에너지 생산 시스템으로 전환 중.
- 창원시는 노후화된 건물을 정비하고 기업들이 스마트 그리드 시스템 도입을 하게 함으로써 효율적인 에너지 관리가 가능하게 함.

---

10 World Business Council for Sustainable Development(WBCSD): 세계지속가능발전기업협의회

11 Urban infrastructure initiative(UII): 도시인프라구축. WBCSD의 vision2050프로젝트의 일환으로 WBCSD 및 회원사들의 자발적 참여 아래, 저탄소 건물 · 운송수단 · 물류 · 신재생 에너지 수요 공급관리 · 스마트 그리드 등 융합 프로젝트로 구성

- 독일 하노버시는 도시의 높은 에너지 사용량은 기술발달을 통해 저감 가능하다고 보고 도시에 더 많은 투자를 하는 것이 필요하며 투자의 방식도 다양화될 수 있을 것이라 전망.

3. 시사점

- 지속가능한 도시를 위한 기업과 정부의 파트너십에서는 목표 설정 단계부터 실행까지 모든 과정에 기업들이 참여하도록 하는 것 중요. 파트너십이 실질적인 집행단계에까지 이어질 수 있도록 하는 방법 모색이 핵심.
- 기업과의 협력 프로세스 진행은 공통된 비전에 대한 협의를 중심으로 각 단계별 모니터링과 지속적인 의사소통의 과정이 수반되어야 함.
- 협업 프로젝트에서 공통 비전 공유하고 합의를 통한 기본적인 룰을 만드는 것이 중요하고 각자의 역할을 이해하는 것이 필수적임.
- 도시의 공공 인프라에 구축 사업에서 민간 투자 증가가 중요하며 로컬 투자 확장 의미 있음.

분과회의 SP4 지방정부파트너십의최적화

1. 세션개요

일 시	2015.04.09. 17:30~19:00
장 소	국제회의장
주 제	지방정부 파트너십의 최적화-지방정부 파트너십의 최적화(도시-연구기관) (Sub-plenary on Partnerships: The Power of Linking Research to Practice)

2. 세션요약

- SP4 세션에서는 도시의 지속가능한 발전을 위한 지방정부 파트너십의 최적화로 지방정부와 연구자 간의 수급 격차를 줄일 수 있는 방안에 주안점을 두고 발표가 진행됨.
- WRI[12]는 파트너십을 글로벌 파트너십과 로컬 파트너십으로 나누어 설명하며, 파트너십을 통해 지식이 많은 도시로부터 공유 확장되어야 하며 그로 인해 각각의 시에 맞는 맞춤식으로 접근해야 한다고 설명.
- IGES[13]는 일본 기타규슈를 사례로 연구지향적인 네트워크 보다 협력을 통해 행동중심적인 로컬 솔루션이 되어야 한다고 강조.
- 싱가폴에서는 연구소가 지식을 공유하는 플랫폼으로 성장하고 있음을 소개.
- 중국 통지대 교수는 이전 순수한 기초연구에서 이제는 실제적인 문제에 대한 솔루션을 도출하는 방향으로 기초연구가 진행되어야한다고 주장.
- 헬싱키시에서는 데이터만 공개했을 뿐인데 민간 부문에서 어플리케이션을 개발하여 시민들의 민원이 줄어들었던 사례를 들면서 오픈데이터 접근법의 중요성을 강조.
- 캐나다 Simon Faser 대학 지속가능한 공동체개발센터 센터장은 연구자와 실무자 사이의 원활한 리서칭과 소통을 위해 판도(Pando)라는 단체 설립하였으며 이 단체의 배경과 목적을 소개.

---

12 World Resource Institute(WRI): 세계자원연구소

13 Institute for Global Environmental Strategies(IGES): 지구환경전략연구소. 일본 가나가와현에 위치.

• UCCRN[14]를 소개하며 연구기관과의 네트워크를 구축을 통해 파트너십을 형성하고 있음을 설명.

3. 시사점

• 도시의 지속가능한 발전을 위해 지방정부와 연구기관의 파트너십 마련이 중요함.
• 도시는 다양한 연구기관과 협력을 위한 네트워킹을 마련해야하며 데이터의 공유, 지식의 공유를 위한 다양한 창구 마련해야 함.
• 지방정부와 연구기관 뿐만 아니라 오픈데이터 접근을 통해 시민들은 더 많은 정보를 얻게 되고 시민들이 더 많은 것을 이해하게 된 만큼 적극적으로 참여할 수 있는 기회 마련이 중요함.
• 정책 기구들이 필요로 하는 정보와 연구자가 제공해주는 지식 수급의 격차를 줄이기 위한 방안 마련이 필요함.

14 Urban Climate Change Research Network. 도시기후변화연구네트워크

분과회의 SP5 지방정부파트너십의최적화

1. 세션개요

일 시	2015.04.09. 17:30~19:00
장 소	유어스 패션아트홀
주 제	지방정부 파트너십의 최적화: 도시-광역지자체-중앙정부 간 다층적 거버넌스 (도시-광역지자체) (Sub-plenary on Partnerships: Cooperation between local and regional government levels)

2. 세션요약

- SP5 세션에서는 도시의 지속가능한 발전을 위한 지방정부 파트너십의 최적화로 기존 중앙정부의 일방적인 집행이 아닌 도시–광역지자체–중앙정부 간 다층적 거버넌스 , 국가–지방–시민이 함께하는 거버넌스 구축의 필요성에 대해 논의
- 각 국가마다 지방행정 구조에 차이가 있지만, 중앙정부는 지방정부의 분권화된 책임을 존중하며, 지방정부는 중앙정부의 지원을 받고, 도시간에도 네트워크를 형성하는 등 협력을 기반으로 각각의 역할을 구축해야 할 것을 논의
- 케나다 몬트리올시는 Montreal Metropolican Community(MMC)를 구성. 몬트리올 광역시에 속해있는 62개의 지역사회들로 조직되어있으며 토지이용 및 개발계획과 지방 및 지역정부의 역할을 명시하고 있음.
- 말레이시아 멜라카의 녹색도시 행동계획은 지방 및 중앙정부가 어떻게 협력하여 도시를 구현하는지 방향을 제시함.
- 인도네시아 자카르타시는 인도네시아의 지속가능성을 위한 정부의 협업을 물 관리 사례 중심으로 발표
- SALGA[15]의 남아공 정부와의 파트너십으로 스마트한 지방 인프라 개발을 통한 협력적인 거버넌스를 구축위해 제도적 매커니즘을 갖추는 것 강조.

15 South African Local Government Association(SALGA): 남아공지자체연합

3. 시사점

- 도시의 규모가 점점 확대되고 인구의 수가 늘어감에 따라, 도시의 중요성과 그 안에서 발생하는 여러 가지 문제점이 대두됨. 이를 해결하기 위해서는 기존 중앙정부의 일방적인 집행이 아닌, 국가–지방–시민이 함께하는 거버넌스, 이를 넘어 지방정부 간, 도시간의 다층적 거버넌스를 구축이 요구됨.
- 시민생활의 질을 고려한 문제해결 접근 필요함(인프라 구축 및 빈곤에 대한 해결방안과 도시가 직면한 문제에 대한 총체적 대응)
- 지방정부의 파트너십에서는 민주주의적 의사결정(시민참여, 중앙정부와 지방정부간의 협력체계)이 중요함.
- 각 국가마다 지방행정 구조에 차이가 있지만, 중앙정부는 지방정부의 분권화된 책임을 존중하며, 지방정부는 중앙정부의 지원을 받고, 도시 간 네트워크를 형성하는 등 협력을 기반으로 각각의 역할을 구축해야 함.

분과회의 SP6 혁신과 리더십

1. 세션개요

일 시	2015.04.11. 14:00~15:30
장 소	알림1관
주 제	혁신과 리더십 (Sub-plenary: Leaders for Innovation)

2. 세션요약

- SP6 세션에서는 다양한 도시 문제가 급격히 대두됨에 따라 혁신적인 시민 리더십이 성공의 주요요인으로 대두 되고 있는 상황에서 지역의 리더들이 심각한 도시 문제 해결 위한 자신들의 혁신적인 해법 제시.
- 혁신적 해법을 위해서는 조직적 혁신 필요하며, 시민들의 삶의 질을 개선할 수 있는 변화가 핵심.
- 부탄시 사례는 재정적 자립을 강조하며 행정 서비스를 제공 개선 강조
- 광저우시는 지속 가능한 도시, 세계적인 상업의 도시, 문화의 도시, 해운 및 교통의 허브 도시를 목표로 교통 물류망 확충 사업의 사례 제시.
- 하이델베르크는 교육기회과 문화 사업을 중시하며 에너지 효율적인 건물관리와 자전거 도로의 확충 사업 사례 발표
- 독일 프라이부르크시는 환경분야만의 지속가능성이 아니라 시민들의 적극적인 정책참여를 기반으로한 삶의 질 향상을 추구. 고용창출, 녹색 산업의 활성화 사례 발표.
- 뉴질랜드 더니든시는 투자 포트폴리오 안에서 사회적으로 책임을 가질 수 있을만한 투자 운동으로 화석 연료 투자에 대한 투자 철회 캠페인 진행함.

3. 시사점

- 도시 인구의 증가와 복잡한 도시 문제가 급격히 대두됨에 따라 리더십이 성공의 주요 요인으로 주목받고 혁신적인 해법에 대한 요구가 커지고 있음.
- 지속가능성에 대한 도시의 해석, 철학을 바탕으로 정책적 접근을 해야 하며 그 과정에서 시민들의 적극적인 참여를 위한 방안 마련이 중요함.
- 장기적인 비전을 중심으로 한 해법 마련이 필요하며 기후변화, 에너지, 교통, 사회정의, 교육 등의 다양한 요소들을 고려해야 함.
- 도시의 특수성을 잘 구현할 수 있으며 추구하는 가치들이 드러나는 정책이 되어야 함.

분과회의 SP7 물의 미래

1. 세션개요

일 시	2015.04.11. 16:00~17:30
장 소	알림1관
주 제	물의 미래: 지속가능한 물 관리를 위한 지역 리더십 강화 (Sub-plenary: The future of water in cities- Priorities and strategies for local water security)

2. 세션요약

- SP7 세션에서는 지속가능한 물 관리를 위한 지역 리더쉽 강화를 주제로 수자원에 대한 문제 및 해결 방안에 대하여 각자의 경험을 바탕으로 발표 및 토론을 진행.
- 미래의 물 안보에 대한 자신의 관점을 공유하고 지역 의 물 공급을 보호할 전략을 지방 정책 입안자에 제공함.
- 물이 우리의 일상 그리고 지속가능한 발전에 있어서 매우 중요하는 점에 대한 인식 개선이 필요하며, 물 안보, 물 관리와 관련된 정책 결정에 장기적 관점으로의 접근 필요로 함.
- 짐바브웨 불라와요시 사례는 자원 부족, 주택 부족, 물 위생 관리 부족 등 기후 변화에 심각한 타격을 받고 있는 환경에서 깨끗한 식수 공급을 위한 지방정부의 사례 발표.
- 대구시는 물 관리 정책을 통해 신천의 수질개선, 상수도 정수 처리 시스템 구축 사례 발표.

3. 시사점

- 물은 우리의 일상 그리고 지속가능한 발전에 있어서 매우 중요하나 중요성만큼 충분한 정책적 접근이나 일상 속에서 강조되고 있지 않음.
- 물 관리에는 지속가능성의 측면과 함께 안보의 측면에서도 접근, 장기적 안목의 정책이 필요함.

- 물 관리 분야는 대규모의 예산이 필요하나 그 성과 도출에는 시간이 걸려 어려움.
- 다층적 거버넌스 형성을 통해 지속가능한 물 정책을 위한 재원확보 시도해야 함.
- 시민들이 물 중요성에 대한 인식이 높아진다면 적극적, 지속가능한 방식의 물 관리 방식을 견인할 수 있는 원동력 될 수 있음.

분과회의 SP8 지속가능한혁신적공공구매

1. 세션개요

일 시	2015.04.11. 16:00~17:30
장 소	북세미나실
주 제	지속가능한 혁신적 공공구매 (Sub-plenary: Driving sustainable public procurement on the global stage)

2. 세션요약

- SP8 세션에서는 지속가능한 공공조달은 정치, 경제, 사회적으로 자원의 효율적 생산과 소비를 유도하기 위해 중요한 제도로 지속가능한 공공조달을 위한 각국 도시의 지방정부들은 여러 가지 이행 방안에 대해 논의
- 케이프타운시는 개도국의 입장에서 경제성을 중요시하면서 지속가능성 역시 고려하는 공공조달 정책 마련 위해 노력 중.
- 로테르담은 탄소 배출 저감을 위한 교통수단과 관련한 공공조달을 실천 사례 발표.
- 코펜하겐은 2025년 제로카본도시로의 목표 달성을 위해 지속가능한 공공조달을 이행 중.
- 한국은 녹색조달 관련법을 만들어 녹색 시장의 성장을 이끌어내는데 기여하였고 그린카드 사례 발표.
- 헬싱키는 버스 입찰에 환경 기준을 도입한 최초의 도시로 시 교통 당국이 배출량 규제도 도입했으며 조달 문제에 관련된 전문가 기구와 조달전문 부서 마련함.
- 지속가능한 공공조달에 있어 제도 정착을 위한 목표 설정이 중요하며 위계 설정 등의 갈등 조정 문제와 국제적인 무역협정에서 채택된 국제법, 지속가능한 공공조달과의 상충 문제 등은 앞으로 해결해 나가야 할 과제.

3. 시사점

- 지속가능한 공공조달은 정치, 경제, 사회적으로 자원의 효율적 생산과 소비를 유도하기 위해 중요한 제도임.
- 지속가능한 공공조달에서 중요한 것은 제도 정착을 위한 목표 설정임.
- 공공조달을 통해 같은 돈으로 더 많은 물품을 살 수 있는 것뿐만 아니라 지속가능, 혁신, 공공조달을 하나로 엮는 작업 필요함.
- 지속가능한 공공조달에 있어 위계 설정 등의 갈등 조정 문제와 국제적인 무역협정에서 채택된 국제법과 지속가능한 공공조달과의 상충 문제 등은 앞으로 해결해 나가야 할 과제임.
- 자원조달은 자원효율성을 달성하는 것이 궁극의 목표로 조달에 엄격한 기준을 적용하는 것은 물론 자원 자체의 사용 역시 줄여나가야 함.

참고 문헌

국립산림과학원(2012), 기후변화 숲 그리고 인간, 서울

기상청(2001), 기후변화 2001 – 과학적 근거 –

기상청(2007), 기후변화 2007 – 과학적 근거 –

기상청(2015), 기후변화에 관한 정부간 협의체(IPCC) 제5차 평가 종합보고서 번역본

기상청(2012), 기상연감 http://web.kma.go.kr/download_01/yearbook_2012.pdf

김민경(2011), 빌딩리트로핏을 위한 에너지성능평가 및 활용방안, 서울: 서울시정개발연구원,

김재민(2012), 에코시티관련 유럽의 주요 연구, 정책, 기술동향, 대전: 한국과 학기술정보연구원

나테준 · 윤이숙 · 윤경준 · 구민교 · 조윤직 · 정장훈 · 노성민(2013), 국제환경협약의 이해, 서울: 대영문화사

서울시(2014), 에너지백서 http://env.seoul.go.kr/files/2015/09/55e54c9773b5f1.87222796.pdf

서울시(2015a), 원전하나줄이기2 에너지살림도시 http://env.seoul.go.kr/files/2015/11/5656c24a568b08.97953029.pdf

서울시(2015b), 2015 이클레이 세계총회 결과보고서

서울시 보도자료(2015. 11. 24) "에너지정책, 지역이 만나다" 서울 · 경기 · 충남 · 제주 단체장「지역에너지 전환」공동선언

안산시(2015), 안산시 지역에너지 조성계획 수립방안 연구

이기완(2012), 일본의 기후변화정책을 둘러싼 정치동학: 국내 요인을 중심으로 아시아연구 15(1), 85–112

이유진(2013), 전환도시, 경기도파주: 한울

외교부(2015), 기후변화협상 http://www.mofa.go.kr

전의찬 외 24 (2012), 기후변화25인전문가가답하다, 서울: 지오북

전주시(2016), 전주시 에너지안전(자립)도시 계획 수립 용역

정서용(2011), 글로벌 기후변화 거너넌스와 국제법, 서울: 박영사

정우양 · 최충익(2013), 기후변화와 UN아젠다21, 광주: 전남대학교출판부

찰스 L 하퍼(2010), 정대연옮김, 환경사회학(Environment and Society), 경기도파주: 한울

최영수(2014) 초미세먼지(PM2,5)에 대한 한국의 대응, 서울: 성균관차이나포커스 12:26-36,

최충익 (2013), 기후변화 다이내믹스, 대영문화사, 서울

최현정 (2014), 기후변화에 대한 미국의 정치적 분열, ISSUE BRIEF, 아산정책연구원, 2014-16 : 1-15

키리스틴 도우(Kirstin Dow) · 토마스 다우닝(Thomas E. Downing) (2008), 최영은 · 권원태 옮김, 지도로 보는 기후변화(The Atlas of Climate Change), 서울: 시그마프레

환경부(2015), 신기후체제 협상 극적 타결... “파리 협정” 채택(보도자료) http://me.go.kr/home

Alcock, P. (1996) Social Policy in Britain, London : Macmillan Press LTD

C40 CITIES (2015), http://www.c40.org/.

Compact of Mayor (2015), http://www.compactofmayors.org/

Fitzpatrick, T. (2011) Understanding the environment and social policy, Bristol: Policy Press

Foucault, M. (1970), The Order of Things: An Archaeology of the Human Sciences, London,Tavistock.

Foucault, M. (1971), Madness and Civilisation: A History of Insanity in the Age of Reason, London,Tavistock.

Foucault, M. (1972), The Archaeology of knowledge, London,Routledge.

Foucault, M. (1977), Discipline and Punish: the Birth of the Prison, London, Penguin Books.

Foucault, M. (1978), The History of Sexuality: Vol.1 an Introduction, London,PenguinBooks.

Foucault, M. (1980 a), ‘Two Lectures’, In Gordon, C. (ed), Power/Knowledge Michel Foucault, Sussex,TheHarvesterPress.

Giddens, A. (2009) The Politics of Climate Change, Cambridge : Polity Press

Harris, P.G. (2013) The Politics of Climate Change, London,

Howarth, D. (2000), Discourse, Buckingham : Open University Press.

ICLEI (2015), ICLEI Publications, http://www.iclei.org/

IPCC (2014). Climate Change 2014 Synthesis Report Summary for Policymakers https://www.ipcc.ch/pdf/assessment-report/ar5/syr/AR5_SYR_FINAL_SPM.pdf

Jordan, T. (1999), Cyberpower, London,Routledge.

Poumadere, M., Mays, C., Le Mer, Sophie. & Blong, R.(2005). The 2003 Heat Wave in France: Dangerous Climate Change Here and Now, Risk Analysis, 25(6), 1483-1494

Routledge Moran, A. (2015) Climate Change: The Facts, Melbourne : the Institute of Public Affairs

Spiker, P (2008), Social Policy Themes and approaches, Bristol : The policy press

UNEP(2008), CCCC KICK THE HABIT, A UN GUIDE TO CLIMATE NEUTRALITY

UNEP(2010), CLIMATE ACTION, Assisting business towards carbon neutrality

UNFCCC (2015), Bodies and UN Climate Change NEWSROOMhttp://unfccc.int/2860.php

WRI(2009), World Greenhouse Gas Emissions in 2005. Available online at http://www.wri.org/publication/navigating-the-numbers.

World Resource Institute, http://www.wri.org/

· **최영수(崔永樹)**

전공 : 사회정책학 박사
영국 University of Birmingham, PhD. in Social Policy
현재 : 서울특별시 행정국 서기관
세종대학교 기후변화특성화대학원 겸임교수
고려대학교 국제대학원 출강
ICLEI 한국사무소 기후 및 지방정부 위원
경력 : 서울특별시 기후변화대응과장, 기후대기과장 역임
서울시립대학교 도시과학대학원 출강
서울시인재개발원 출강

· **전의찬(全儀燦)**

전공 : 이학 박사
서울대학교 대학원 환경계획학과 환경관리전공
현재 : 세종대학교 환경에너지융합학과 교수
한국환경한림원 부회장/학술위원장
녹색성장위원회 기후변화분과위원장
규제개혁위원회 행정사회분과위원장
한국기후변화학회 명예회장(회장 역임)
경력 : 한국대기환경학회 고문(회장 역임)
국회기후변화포럼 고문(공동대표 역임)
녹색서울시민위원회 지속가능위원장

신기후체제와 도시의 기후변화 대응 정가 15,000원

발 행 2016년 6월 10일 초판 1쇄
저 자 최영수 · 전의찬
발행인 정우용
발행처 도서출판 동화기술
경기도 파주시 광인사길 201(문발동, 파주출판도시)
Tel (031)955-4211~6 donghwae@kornet.net
Fax (031)955-4217 www.donghwapub.co.kr
(등록) 1977년 12월 19일/9-16호

ISBN 978-89-425-9082-7